北京课工场教育科技有限公司 出品

新技术技能人才培养系列教程
大数据开发实战系列

Java Web
应用设计及实战

肖睿 喻晓路／主编
朱微 张超 戴立坤／副主编

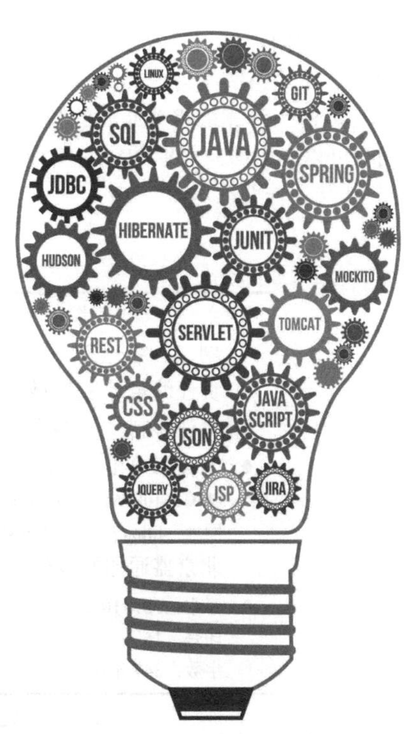

人 民 邮 电 出 版 社
北 京

图书在版编目（CIP）数据

Java Web应用设计及实战 / 肖睿，喻晓路主编. -- 北京 : 人民邮电出版社，2018.1
新技术技能人才培养系列教程
ISBN 978-7-115-47404-9

Ⅰ. ①J… Ⅱ. ①肖… ②喻… Ⅲ. ①JAVA语言—程序设计—教材 Ⅳ. ①TP312.8

中国版本图书馆CIP数据核字(2017)第298502号

内 容 提 要

在互联网高速发展的今天，基于 B/S 架构开发的 Web 应用程序越来越多，这些应用的实现必然涉及服务器端开发技术。本书就紧紧围绕Java服务器端开发技术对Web开发内容展开详细讲解，内容不仅涵盖 Java Web 开发必需的 JSP、Servlet、过滤器、监听器、数据库访问技术，还包括使用 jQuery 实现 Ajax 异步请求改善用户体验，以及 Linux 环境下的应用开发和部署，从而让读者循序渐进地学会如何开发属于自己的 Web 应用程序。

为保证最优学习效果，本书紧密结合实际应用，利用大量案例进行说明和实践，提炼含金量十足的开发经验，还提供了和实际开发非常接近的项目案例。本书使用 Ajax+JSP+Servlet+Linux 技术实现 Web 应用程序，并配以完善的学习资源和支持服务，包括视频教程、案例素材下载、学习交流社区、讨论组等学习内容，为开发者带来全方位的学习体验。

本书可以作为计算机相关专业的教材，也可以作为 Java Web 程序设计入门及深入学习的参考资料，同时可以作为面向就业的实习实训教材，有一定 Java 基础的读者也可以通过本书学习掌握 Java Web 开发的关键技术。

◆ 主　　编　肖　睿　喻晓路
　副 主 编　朱　微　张　超　戴立坤
　责任编辑　祝智敏
　责任印制　马振武

◆ 人民邮电出版社出版发行　　北京市丰台区成寿寺路 11 号
　邮编　100164　　电子邮件　315@ptpress.com.cn
　网址　https://www.ptpress.com.cn
　北京盛通印刷股份有限公司印刷

◆ 开本：787×1092　1/16
　印张：15　　　　　　2018 年 1 月第 1 版
　字数：347 千字　　　2025 年 1 月北京第 15 次印刷

定价：39.80 元

读者服务热线：(010) 81055256　印装质量热线：(010) 81055316
反盗版热线：(010) 81055315
广告经营许可证：京东市监广登字 20170147 号

大数据开发实战系列

编　委　会

序　言

丛书设计

准备好了吗？进入大数据时代！大数据已经并将继续影响人类生产生活的方方面面。2015 年 8 月 31 日，国务院正式下发《关于印发促进大数据发展行动纲要的通知》。企业资本则以 BAT 互联网公司为首，不断进行大数据创新，实现大数据的商业价值。本丛书根据企业人才的实际需求，参考以往学习难度曲线，选取"Java+ 大数据"技术集作为学习路径，首先从 Java 语言入手，深入学习理解面向对象的编程思想、Java 高级特性以及数据库技术，并熟练掌握企业级应用框架——SSM、SSH，熟悉大型 Web 应用的开发，积累企业实战经验，通过实战项目对大型分布式应用有所了解和认知，为"大数据核心技术系列"的学习打下坚实基础。本丛书旨在为读者提供一站式实战型大数据应用开发学习指导，帮助读者踏上由开发入门到大数据实战的"互联网 + 大数据"开发之旅！

丛书特点

1．以企业需求为设计导向

满足企业对人才的技能需求是本丛书的核心设计原则，为此课工场大数据开发教研团队，通过对数百位 BAT 一线技术专家进行访谈、上千家企业人力资源情况进行调研、上万个企业招聘岗位进行需求分析，从而实现对技术的准确定位，达到课程与企业需求的强契合度。

2．以任务驱动为讲解方式

丛书中的技能点和知识点都由任务驱动，读者在学习知识时不仅可以知其然，而且可以知其所以然，帮助读者融会贯通、举一反三。

3．以实战项目来提升技术

每本书均增设项目实战环节，以综合运用每本书的知识点，帮助读者提升项目开发能力。每个实战项目都有相应的项目思路指导、重难点讲解、实现步骤总结和知识点梳理。

4．以"互联网 +"实现终身学习

本丛书可配合使用课工场 APP 进行二维码扫描，观看配套视频的理论讲解和案例操作。同时课工场（www.kgc.cn）开辟教材配套版块，提供案例代码及作业素材下载。此外，课工场也为读者提供了体系化的学习路径、丰富的在线学习资源以及活跃的学习社区，欢迎广大读者进入学习。

读者对象

1. 大中专院校学生
2. 编程爱好者
3. 初中级程序开发人员
4. 相关培训机构的老师和学员

致谢

本丛书由课工场大数据开发教研团队编写。课工场是北京大学旗下专注于互联网人才培养的高端教育品牌。作为国内互联网人才教育生态系统的构建者，课工场依托北京大学优质的教育资源，重构职业教育生态体系，以学员为本，以企业为基，构建“教学大咖、技术大咖、行业大咖”三咖一体的教学矩阵，为学员提供高端、实用的学习内容！

读者服务

读者在学习过程中如遇疑难问题，可以访问课工场官方网站（www.kgc.cn），也可以发送邮件到 ke@kgc.cn，我们的客服专员将竭诚为您服务。

感谢您阅读本丛书，希望本丛书能成为您踏上大数据开发之旅的好伙伴！

“大数据开发实战系列”丛书编委会

前　言

JSP 是开发 Java Web 应用程序的基础技术，它秉承了 Java 的高安全性、易移植的特点。国内多家银行的网上银行均采用了 JSP 技术，即是对 JSP 安全性的肯定。在 Windows 操作系统上开发的 JSP 应用很容易移植到 UNIX 等其他操作系统上。在 JSP 中嵌入 Java 代码，就可以处理业务逻辑，使得在 Java Web 应用程序中能够体现出面向对象的编程思想和编程技巧。另外，JSP 需要运行在应用服务器上，本书中要学习的 Tomcat 就是一种非常流行的应用服务器。而 Ajax 则是一种用于创建更好、更快、交互性更强的 Web 应用程序的技术，它使 Web 应用程序可以提供非常友好的用户体验。

在本书中，你将学习到以下几方面的内容。

第一部分（第 1 章～第 3 章）：讲解 JSP 技术，包括动态网页开发基础、JSP 页面组成、JSP 内置对象、在 JSP 中使用 JavaBean、JNDI 和连接池、三层结构、实现分页和文件上传。通过本部分的学习将掌握 JSP 的主要内容，能够开发出满足企业需要的简单网站。

第二部分（第 4 章）：讲解 JSTL 和 EL 表达式，以简化 JSP 页面的设计。

第三部分（第 5 章）：通过 Servlet、过滤器和监听器对 Java Web 应用中的功能实现进行改进和完善，并且还将拓展一些实用的功能。

第四部分（第 6 章～第 8 章）：学习 Ajax 异步请求技术，优化 Web 应用的请求响应流程，提升应用的执行效率，改善用户体验。通过项目融会贯通所学知识，积累 Web 应用程序的项目开发经验。

第五部分（第 9 章～第 10 章）：学习如何安装并管理 Linux 操作系统，以及在 Linux 操作系统中安装软件和部署 Web 应用。

实践是检验程序员的唯一标准。在项目开发的训练中，实践是最重要的。一定不要养成眼高手低的坏习惯，对于每一条命令、每一行代码一定要多加思考、亲自实践。

本书的案例是“新闻发布系统”，几乎贯穿全书内容，利用各章所学技能可以对该案例功能进行实现或优化。学完本书后，将同时完成一个完整的项目案例，在学习技能的同时获得项目开发经验，一举两得。

本书由课工场大数据开发教研团队组织编写，参与编写的还有喻晓路、朱微、张超、戴立坤、刘帅等院校老师。尽管编者在写作过程中力求准确、完善，但书中不妥或错误之处仍在所难免，殷切希望广大读者批评指正！

编者

2017 年 9 月

关于引用作品的版权声明

为了方便读者学习，促进知识传播，本书选用了一些知名网站的相关内容作为学习案例。为了尊重这些内容所有者的权利，特此声明，凡在书中涉及的版权、著作权、商标权等权益均属于原作品版权人、著作权人、商标权人。

为了维护原作品相关权益人的权益，现对本书选用的主要作品的出处给予说明（排名不分先后）。

序号	选用的网站作品	版权归属
1	京东新闻资讯页	京东
2	聚美优品菜单列表	聚美优品
3	百度品牌全知道	百度
4	搜狐网部分页面	搜狐公司
5	谷歌地图部分页面	Google Inc.

以上列表中并未全部列出本书所选用的作品。在此，我们衷心感谢所有原作品的相关版权权益人及所属公司对职业教育的大力支持！

目　录

第 1 章

Java Web 开发初体验

技能目标

- ❖ 掌握 Web 项目的创建与部署
- ❖ 掌握 JSP 基本语法
- ❖ 掌握数据获取与中文显示
- ❖ 掌握 JSP 内置对象
- ❖ 会解决中文乱码问题
- ❖ 掌握转发与重定向

本章任务

学习本章，需要完成以下 4 个工作任务。记录学习过程中遇到的问题，可以通过自己的努力或访问 kgc.cn 解决。

任务 1：构建第一个 Java Web 项目

配置 Web 应用开发环境，并实现 Web 项目的部署与访问。

任务 2：使用 JSP 生成 Web 页面

使用 JSP 实现新闻系统中新闻标题和内容的输出显示。

任务 3：在 JSP 中获取用户注册信息

使用 JSP 获取用户注册提交的数据并显示。

任务 4：在 JSP 中合理存储数据

使用 JSP 实现数据保存，并能够在多个 JSP 中实现数据共享。

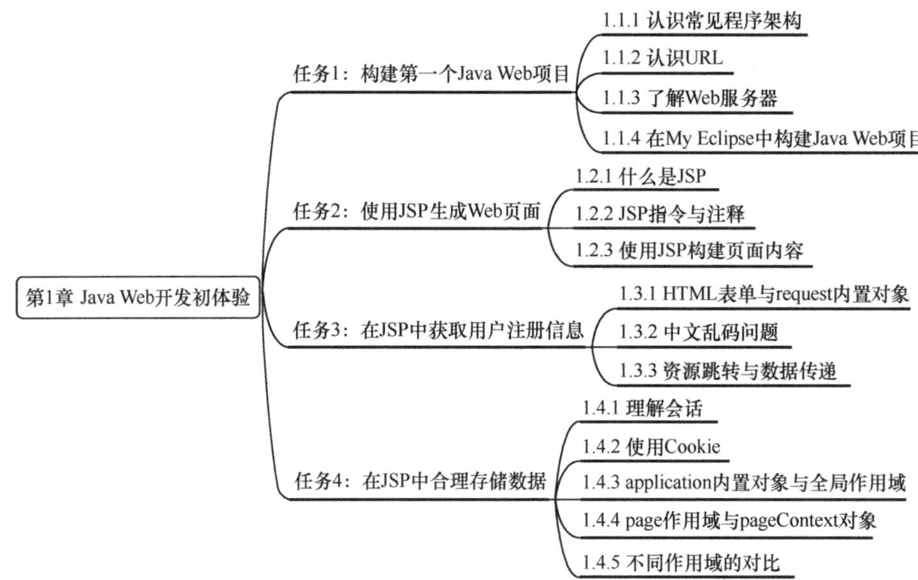

任务 1 构建第一个 Java Web 项目

关键步骤如下。

- 安装 Tomcat 服务器。
- 配置 Tomcat 服务器。
- 在工具中创建 Web 项目。
- 部署 Web 项目。

1.1.1 认识常见程序架构

进行项目开发时，首先要确立的是程序架构的类型。在明确程序架构的基础后才能开展后续开发工作，下面将介绍两种常用的程序架构。

1. C/S 架构

在程序架构中，C/S 架构是一种客户端 / 服务器的工作模式，由两个部分组成。“C”表示 Client，即客户端；“S”表示 Server，即服务器。C/S 架构的程序最显著的特点就是，在使用前首先需要在用户本地安装客户端，然后调用服务器得到相应的服务，即由服务器来提供服务，由客户端来使用服务。

使用基于 C/S 架构开发的应用程序，在使用时都必须安装客户端，当应用程序有变化时需要重装或更新客户端，维护的成本很高，而 B/S 架构则解决了这个问题。

2. B/S 架构

在 B/S 架构中，程序采用了浏览器 / 服务器的工作模式，又称为请求 / 响应模式。其中“B”表示 Browser，即浏览器；而“S”则依然表示的是 Server，即服务器。从这种工作模式不难看出，原来的客户端被浏览器所代替，用户无须在本地进行烦琐的客户端安装，只需要连通网络，打开浏览器窗口即可使用服务器端提供的各种服务。

使用 B/S 架构，在很大程度上降低了对用户本地设备环境的要求。同时，也极大地降低了程序维护的成本，非常方便。

B/S 架构采用浏览器请求，服务器响应的工作模式。B/S 架构的工作原理如图 1.1 所示。

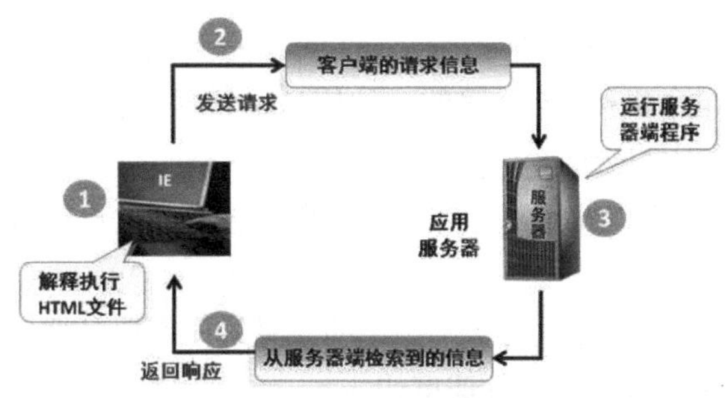

图 1.1　B/S 架构的工作原理

B/S 架构的工作原理，总结起来包括以下 4 点。

（1）客户端（通常是浏览器）接受用户的输入：一个用户在 IE（一种常用浏览器）中输入用户名、密码。

（2）客户端向应用服务器端发送请求：客户端把请求消息（包含用户名、密码等信息）发送到应用服务器端，等待服务器端的响应。

（3）服务器端程序进行数据处理：应用服务器端通常使用服务器端技术，如 JSP 等，对请求进行数据处理。

（4）发送响应：应用服务器端向客户端发送响应消息（从服务器端检索到的数据），并由用户的浏览器解释执行响应文件，呈现到用户界面。

1.1.2　认识 URL

URL（Uniform Resource Locator，统一资源定位符）是 Internet 上标准的资源地址。一个完整的 URL 由以下几部分组成，例如：

http://www.kgc.cn/news/201609/newslist.jsp?page=6

- 协议：http 是传输数据时所使用的协议。
- 主机：www.kgc.cn 可以定位到课工场的主机，如果知道主机的 IP 地址，这里也可以替换成具体的 IP 地址来进行定位。
- 资源的位置：news/201609 是我们要访问的资源的位置或者资源的路径，而 newslist.jsp 则是我们要访问的资源的名称。
- 参数：?page=6 是我们访问某个资源时所携带的参数。
    - ? 表示在该 URL 中含有参数需要进行传递。

◆ page=6 表示参数名称为“page”，值为 6。

◆ 如果需要传递多个参数，使用 & 符号进行连接，如 page=6&size=10。

1.1.3 了解 Web 服务器

1. Web 服务器概述

Web 服务器是可以向发出请求的浏览器提供文档的程序，它的主要功能就是提供网上信息浏览服务。

目前在 Web 应用中，有多种 Web 服务器可供选择，常用的服务器主要有：

➢ IIS：IIS 是源自 Microsoft 公司的一种信息服务器，服务对象是基于 Windows 系统平台开发的程序应用。

➢ Tomcat：Tomcat 是 Apache 基金会旗下的一款免费、开源的 Web 服务器软件。

2. Tomcat 服务器

Tomcat 是 Apache 基金会开发的一个小型的轻量级应用服务器，技术先进、性能稳定，而且免费，占用的系统资源小、运行速度快。

安装 Tomcat 的过程很简单，可以使用解压版，无须安装即可使用。

提示

在安装 Tomcat 之前，确认在本地已经安装了 JDK，以免造成 Tomcat 运行错误。

Tomcat 安装好后，会产生一些目录，每个目录功能介绍如表 1-1 所示。

表1-1 Tomcat目录结构

目　录	说　明
/bin	存放用于启动和停止 Tomcat 的脚本文件
/conf	存放 Tomcat 服务器的各种配置文件，其中最重要的是 server.xml 文件
/lib	存放 Tomcat 服务器所需的各种 JAR 文件
/logs	存放 Tomcat 的日志文件
/temp	用于存放 Tomcat 运行时的临时文件
/webapps	Web 应用的发布目录
/work	Tomcat 把由 JSP 生成的 Servlet 放于此目录下

对于 Tomcat 的配置、启动和停止，操作很简单，这里不再做详细介绍。了解具体配置请扫描二维码。

Tomcat 运行时最常见的错误是端口冲突和未配置环境变量，请大家注意。

配置 Tomcat

1.1.4 在 MyEclipse 中构建 Java Web 项目

集成 Tomcat

1. 在 MyEclipse 中配置 Tomcat

在使用 MyEclipse 开发 Web 项目之前，还需要配置 Tomcat 服务器，配置的过程比较简单，直接在 MyEclipse 中找到 Server 服务器进行配置，设置为 Tomcat 相应安装目录即可。了解具体配置请扫描二维码。

创建部署 Web 应用

2. Web 项目的创建与部署

Web 项目根据 MyEclipse 的工具提示进行创建即可。开发完毕后，必须要部署到服务器中才能被访问。了解具体配置请扫描二维码。部署 Web 项目的方式包括以下两种。

- 导出 war 包方式实现部署。
- 通过复制项目文件的方式实现部署。

任务 2 使用 JSP 生成 Web 页面

关键步骤如下。

- 使用 out 对象输出显示数据。
- 使用表达式输出新闻内容。
- 使用转义字符输出特殊字符。

1.2.1 什么是 JSP

了解服务器、掌握其配置方法、能够部署 Web 项目，这些仅仅是进行 Web 项目开发必备的基础技能。要真正地开始进行 Web 项目的开发工作，还必须熟练掌握 JSP 技术，否则就谈不上具备 Web 项目开发的能力。下面就介绍 JSP 技术。

1. JSP 概述

Java Server Page 简称 JSP，是一种运行在服务器端的 Java 页面，最初是由 Sun 公司倡导、许多公司共同参与，一同建立起来的一种动态网页技术标准。

JSP 在开发时是采用 HTML 语言嵌套 Java 代码的方式实现的。

2. JSP 工作原理

JSP 运行在服务器端，当用户通过浏览器请求访问某个 JSP 资源时，Web 服务器会使用 JSP 引擎对请求的 JSP 进行编译和执行，然后将生成的页面返回给客户端浏览器进行显示，整个工作原理如图 1.2 所示。

3. JSP 执行过程

当 JSP 请求提交到服务器时，Web 容器会通过如下三个阶段进行处理。

- 翻译阶段：当 Web 服务器接收到 JSP 请求时，首先会对 JSP 文件进行翻译，将编写好的 JSP 文件通过 JSP 引擎转换成可识别的 Java 文件（.java 文件）。

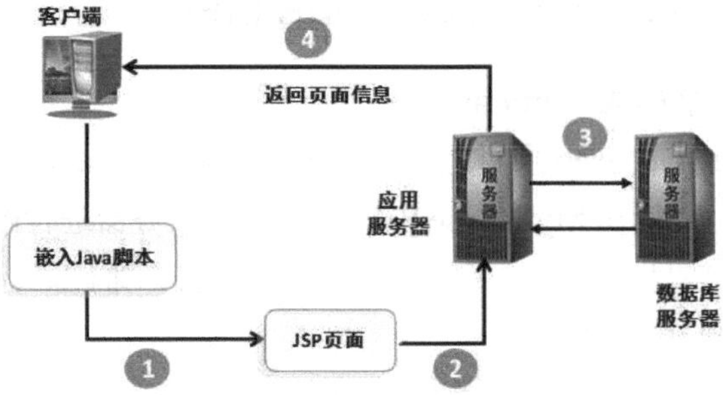

图 1.2　JSP 的工作原理

- ➢ 编译阶段：经过翻译后的 JSP 文件相当于我们编写好的 Java 源文件，此时仅有 Java 源文件是不够的，必须要将 Java 源文件编译成可执行的字节码文件（.class 文件）。所以 Web 容器处理 JSP 请求的第二阶段就是进行编译。
- ➢ 执行阶段：Web 容器接受了客户端的请求后，经过翻译和编译两个阶段，生成了可被执行的二进制字节码文件，此时就进入执行阶段。当执行结束后，会得到处理请求的结果，Web 容器再把生成的结果页面返回到客户端显示。

Web 容器处理 JSP 文件请求的三个阶段如图 1.3 所示。

一旦 Web 容器把 JSP 文件翻译和编译完，Web 容器会将编译好的字节码文件保存在内存中，如果客户端再次访问相同的 JSP 文件，就可以重用这个编译好的字节码文件，没有必要再把同一个 JSP 进行翻译和编译了，这就大大提高了 Web 应用系统的性能。与之相反的情况是，如果对 JSP 进行了修改，Web 容器就会及时发现改变，此时 Web 容器就会重新进行翻译和编译。所以，在第一次请求 JSP 时会比较慢，后续访问时速度就很快，当然如果 JSP 文件发生了变化，同样需要重新进行编译。

Web 容器对同一个 JSP 文件的二次请求的处理过程如图 1.4 所示。

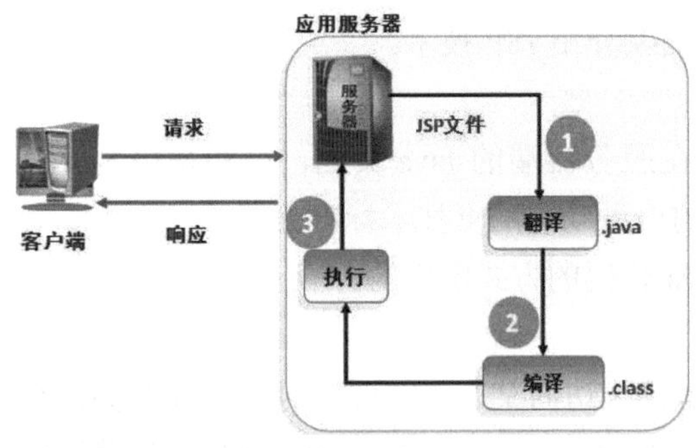

图 1.3　Web 容器处理 JSP 请求的三个阶段

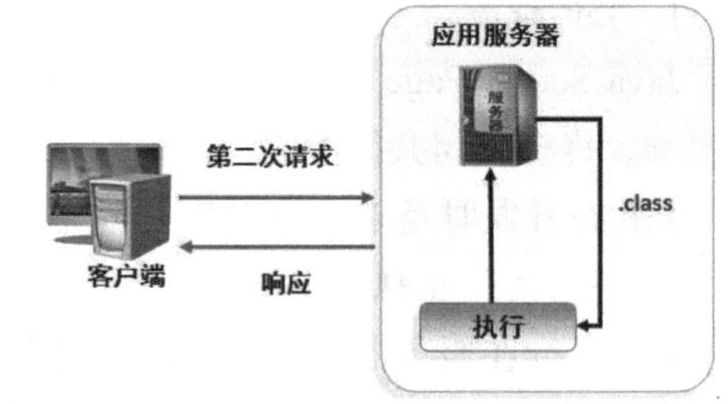

图 1.4　Web 容器处理 JSP 文件的第二次请求

1.2.2　JSP 指令与注释

1．page 指令

page 指令通过设置内部的多个属性来定义 JSP 文件中的全局特性，需要强调的是每个 JSP 都有各自的 page 指令，如果没有对某些属性进行设置，JSP 容器将使用默认的属性设置。page 指令的语法如下。

```
<%@ page language=" 属性值 " import=" 属性值 " contentType=" 属性值 "%>
```

- language 属性用于指定 JSP 使用的语言，JSP 中默认是“Java”。
- import 属性用于引用脚本语言中使用到的类。
- contentType 属性用于指定页面生成内容的 MIME 类型，通常为 text/html 类型。其中，还可以使用 charset 指定字符编码方式。

page 指令是 JSP 非常重要的指令之一，常见的 page 指令设置如下：

```
<%@ page language="java" contentType="text/html;charset=UTF-8" pageEncoding=" UTF-8"%>
```

2. JSP 注释

在 JSP 中实现注释的方式有如下三种。

- HTML 注释：<!--HTML 注释 -->，使用这种方式注释的内容在浏览器通过查看源代码的方式可以看到。
- JSP 注释：<%--JSP 注释 --%>，使用这种方式注释的内容在浏览器通过查看源代码的方式不可见。
- JSP 脚本注释：<%//JSP 单行注释 %>、<%/*JSP 多行注释 */%>，由于 JSP 脚本中的代码就是 Java 语言，因此在脚本中进行代码注释就等同于对 Java 代码进行注释。

1.2.3 使用 JSP 构建页面内容

在学习了 JSP 中几个重要的语法知识后，下面将要学习如何在 JSP 中进行输出显示。

1. 使用 out 对象输出显示

out 对象是 JSP 提供的一个内置对象，它的作用就是向客户端输出数据。out 对象最常用的方法如表 1-2 所示。

表1-2 out对象的常用方法

方　法	说　明
print()	向页面输出显示
println()	向页面输出显示，并在显示末尾添加换行符

示例 1

使用 out 对象输出新闻标题，并在 JSP 中应用三种注释方式。

关键代码：

```
……
<body>
<!-- HTML 注释 -->
<%-- 新闻标题 --%>
<%
```

```
/* 新闻标题 */
out.println(" 谈北京精神 ");// 标题 1
out.print(" 再谈北京精神 ");
%>
</body>
……
```

运行效果如图 1.5 所示。

图 1.5　使用 out 对象输出显示

示例 1 的代码运行结果在页面中输出新闻标题，但是显示的内容并没有实现换行输出，在浏览器中查看页面的源代码，如图 1.6 所示。

图 1.6　查看源文件代码

可以发现在经过解析后的页面源代码中，两条输出语句是经过换行处理的，这是因为使用 out 对象输出的代码通过 JSP 脚本实现内容直接换行，而能够被 HTML 页面识别的换行是
 标签，因此才会造成图 1.8 和图 1.9 所示的效果差异。

输出新闻内容的实现过程与输出新闻标题的实现过程非常类似，只是内容变化而已，这里就不再举例说明。

2. **表达式与变量**

（1）表达式

使用 out 对象输出信息时需要在 HTML 标签中进行嵌套，页面会显得混乱。JSP 还提供了另外一种输出显示的方式，就是借助表达式实现输出显示。表达式的语法如下：

```
<%=Java 表达式 %>
```

Java 表达式通常情况下会用一个 Java 变量来代替，也可以是带有返回值的方法。

提示

使用表达式进行输出时，在表达式的结尾处不能添加分号来表示结束，否则 JSP 会提示错误。

在 JSP 中，表达式通常用于输出变量的值，可以用在任何地方。

（2）变量

在之前的学习中，已经熟练掌握了如何在程序中使用变量，那么在 JSP 中该如何使用变量呢？

在 JSP 中，变量根据其作用范围可分为局部变量和全局变量。除了作用域不同，声明的方式也有所不同。变量声明的语法如下。

声明局部变量：

```
<% type name=value;  %>
```

声明全局变量：

```
<%! type name=value; %>
```

示例 2

使用变量保存新闻内容，并使用表达式实现输出显示。

分析如下。

要实现这个功能，只需要将原来在页面中写好的新闻内容分别保存在不同的变量中，然后使用表达式一一输出显示即可。

关键代码：

```
<!-- 新闻的标题 -->
<%
    ……
    String title=" 谈北京精神 ";               // 新闻标题
    String author="Kgc";                      // 新闻发布者
    String category=" 新闻信息 ";              // 新闻分类
    // 新闻摘要
    String summary=" 北京是一座拥有灿烂文明的古城，  …";
    // 新闻内容
    String content="<p> 侯仁之先生在谈到北京的城市建设时曾经提到过 3 个里程碑： …</P>";
%>
    <h1><%=title %></h1>
    <div class="source-bar"> 发布者 ： <%=author %> 分类 ： <%=category%> </div>
    <div class="article-content">
     <span class="article-summary"><b> 摘要 ：  </b><%=summary%></span><%= content%>
     </div>
```

1 Chapter

本任务的运行效果如图 1.7 所示。

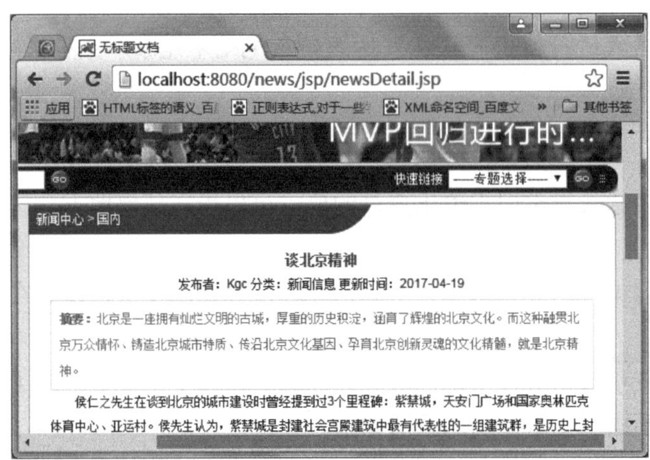

图 1.7　使用 JSP 输出显示

3．转义字符的输出

如果希望在页面中输出一些特殊的符号，如输出单引号或者双引号，必须要使用转义字符进行输出，否则输出显示将会出现异常。在 JSP 中使用转义字符输出的语法非常简单，使用“\”符号添加到需要输出的特殊字符前即可。

4．JSP 的错误调试方法

JSP 在运行过程中有时会因为不同的原因出现错误，而这些错误在 JSP 中都会有不同的错误代码与之对应。掌握这些常见错误代码及调试方法，对于开发 Web 项目是非常重要的。JSP 常见的错误及调试方法如表 1-3 所示。

表1-3　JSP常见错误及调试方法

错误代码/或描述	说　明	调试及解决方法
404	找不到访问的页面或资源	检查 URL 是否错误 JSP 是否在不可访问的位置，如 WEB-INF 目录
500	JSP 代码错误	检查 JSP 代码，并修改错误
页面无法显示	未启动 Tomcat	启动 Tomcat

任务 3　在 JSP 中获取用户注册信息

关键步骤如下。

- 正确使用表单提交数据。
- 使用 request 对象读取表单数据。
- 解决数据显示时的中文乱码问题。

➢ 使用转发或者重定向实现页面的跳转。

1.3.1　HTML 表单与 request 内置对象

1. 表单回顾

在 HTML 中，表单用于填写数据，并通过提交实现数据的请求。在这里，我们再简单回顾一下表单的结构。提交表单时有两种常见方式，分别是 POST 方式和 GET 方式，这两种提交方式的区别如表 1-4 所示。

表1-4　POST与GET的区别

比　　较	POST	GET
是否在 URL 中显示参数	否	是
数据传递是否有长度限制	无	有
数据安全性	高	低
URL 是否可以传播	否	是

2. request 对象

在之前章节中介绍了使用 out 对象实现页面输出，同样 request 对象也是 JSP 的一个内置对象，所以在 JSP 中可以直接使用。在 request 对象中保存了用户的请求数据，通过调用相关方法就可以实现请求数据的读取。request 对象获取表单数据的常用方法如表 1-5 所示。

表1-5　request对象获取数据的常用方法

方　　法	说　　明
getParameter(String name)	返回指定名称参数的值，返回值类型为 String 类型，若无对应名称的参数，返回 NULL
getParameterValues(String name)	返回一组具有相同名称的参数的值，返回类型为 String 类型的数组

示例 3

获取用户在注册页面中输入的数据，并在 JSP 中显示。

实现步骤如下。

（1）创建用户注册输入页面。

（2）提交表单到 JSP。

（3）使用 request 对象获取表单数据。

关键代码如下。

注册页面关键代码：

```
<form name ="dataForm" id="dataForm" action="doUserCreate.jsp" method="post">
 <table class="tb" border="0" cellspacing="5" cellpadding="0" align="center">
         <tr><td align="center" colspan="2" style="text-align:center;" class="text_tabledetail2">用户注册
</td></tr>
```

1 Chapter

```
        <tr>
            <td class="text_tabledetail2"> 用户名 </td>
            <td><input type="text" name="username" value=""/></td>
        </tr>
        <tr>
            <td class="text_tabledetail2"> 密码 </td>
            <td><input type="password" name="password" value=""/></td>
        </tr>
        <tr>
            <td style="text-align:center;" colspan="2">
                <button type="submit" class="page-btn" name="save"> 注册 </button>
            </td>
        </tr>
    </table>
</form>
```

do UserCreate.jsp 关键代码：

```
<%
    String username=request.getParameter("username");            // 读取用户名
    out.print(" 用户名： "+username+"<br/>");
    out.print(" 密码： "+request.getParameter("password"));       // 读取密码并输出
    out.print("<br/>");
    String email=request.getParameter("email");
    out.print(" 邮箱： "+email);
%>
```

1.3.2 中文乱码问题

1. 中文乱码产生的原因

使用 request 对象可以获取表单提交的数据，进而可以实现页面输出显示。但是当用户在表单中提交中文信息时，有时候会在页面中显示中文乱码，如图 1.8 和图 1.9 所示。

图 1.8 中文注册信息

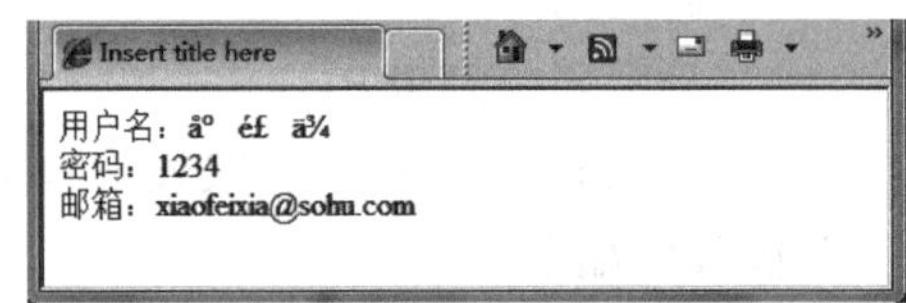

图 1.9 中文乱码显示

中文乱码产生的最根本原因是 JSP 页面的默认编码格式不支持中文。JSP 页面默认的编码方式为“ISO-8859-1”，这个编码方式不支持中文。在进行 JSP 开发时，支持中文的编码如表 1-6 所示。

表1-6　支持中文的编码

编码方式	说　明
gb2312	包含常用的简体汉字
gbk	收录了比 gb2312 更多的汉字，包括简体和繁体的汉字
utf-8	包含全世界所有国家需要用的字符，是国际编码，通用性强

2. 中文乱码解决方案

在 JSP 中解决中文乱码问题时，依据请求的方式不同，解决的方式也有所不同。

（1）POST 方式提交时的解决方案

如果表单提交的方式是采用 POST 方式，那么通过设置请求和响应的编码方式就可以解决中文乱码的显示问题。

设置请求的编码方式如下。

```
request.setCharacterEncoding("UTF-8");
```

设置响应的编码方式如下。

```
response.setCharacterEncoding("UTF-8");
```

如果在 JSP 中已经对 page 指令中的 contentType 中的 charset 设置了编码方式为 UTF-8 的话，则该语句可省略。

示例 4

在获取用户注册数据时，设置编码方式解决中文乱码问题。

分析如下。

在 JSP 中使用 request 对象读取数据之前，先对页面请求和响应进行重新编码，然后再获取数据实现输出。

关键代码：

```
<%
  // 设置请求的编码方式
  request.setCharacterEncoding("UTF-8");
  // 设置响应的编码方式
  response.setCharacterEncoding("UTF-8");
  String username=request.getParameter("username");          // 读取用户名
  out.print(" 用户名： "+username+"<br/>");
  out.print(" 密码： "+request.getParameter("password"));      // 读取密码并输出
  out.print("<br/>");
  String email=request.getParameter("email");
  out.print(" 邮箱： "+email);
%>
```

重新运行注册页面，再次提交时，填写的中文信息就可以正常显示了，效果如图 1.10 所示。

图 1.10　正确显示中文信息

（2）GET 方式提交时的解决方案

当表单采用 GET 方式提交时，可以用如下两种方式解决。

➢ 在读取数据时直接对数据进行编码。

```
new String(s.getBytes("ISO-8859-1"),"UTF-8");
```

参数 s 代表一个变量，其中保存了从 request 对象中读取的中文数据。不过这种方式只能解决此处中文乱码的显示，适用于乱码数量很少的场合。

➢ 通过设置配置文件解决中文乱码问题。

通过设置配置文件可以一劳永逸解决 GET 方式的中文乱码问题，无论页面中存在多少处乱码显示，都可以解决。设置配置文件如下。

配置 tomcat\conf\server.xml 文件。

```
<Connector connectionTimeout="20000" port="8080" protocol="HTTP/1.1"
redirectPort="8443" URIEncoding="UTF-8"/>
```

1.3.3　资源跳转与数据传递

1. 使用属性存取数据

在 JSP 中为了方便数据的使用，有时需要将数据通过 request 对象的属性进行保存和读取，这就需要使用到 request 对象的另外两个方法，分别是 setAttribute() 方法和 getAttribute() 方法。

setAttribute() 方法的语法如下。

```
public void setAttribute(String name, Object o);
```

该方法没有返回值，参数 name 表示属性名称，参数 o 表示属性的值，为 Object 类型。

当需要保存数据时，使用 request 对象直接调用该方法即可。例如：

```
request.setAttribute("mess"," 注册失败 ")
```

getAttribute() 方法的语法如下。

```
public Object getAttribute(String name);
```

该方法有一个 String 类型的参数，返回值是 Object 类型。获取属性的时候，可以使用 String 类型的属性名，从请求中取出对应的 Object 类型的属性值。

在读取属性中保存的数据时，必须将数据转换成其最初的类型。例如：

```
String mess=(String)request.getAttribute("mess");
```

如果 mess 不等于 null，表示获取到实际数据，可以进行使用。

注意

在使用的时候要注意如下两点。

① 如果请求对象中没有与参数名对应的属性，getAttribute() 方法会返回 null 值，所以提醒大家在使用这个属性值时要做非空判断，否则会出现空指针异常。

② getAttribute() 方法的返回值类型是 Object 类型，而最初存入的类型可能是字符串或者集合等一些其他类型的数据，这时就需要进行数据类型的转换。

2. 使用转发与重定向实现页面跳转

（1）使用重定向实现页面跳转

重定向是指当客户端浏览器提交请求到服务器的 JSP 处理时，JSP 的处理结果是要客户端重新向服务器请求一个新的地址，这种行为就称为重定向。由于服务器重新定向了 URL，因而在浏览器中显示的是一个新的 URL 地址。由于是从客户端发送新的请求，因而上次请求中的数据随之丢失。

重定向是基于 response 对象实现的，response 对象也是 JSP 的内置对象之一，它的作用是对用户的请求给予响应并向客户端输出信息。而 response 对象的 sendRedirect() 方法就可以将用户请求重新定位到一个新的 URL 上。重定向的语法如下。

```
response.sendRedirect("URL");
```

参数 URL 表示将要跳转的页面名称或者路径。

示例 5

当用户注册成功后，将页面跳转到主页显示。

关键代码：

```
<%
  // 设置请求的编码方式
  request.setCharacterEncoding("UTF-8");
  // 设置响应的编码方式
  response.setCharacterEncoding("UTF-8");
  String username=request.getParameter("username");
  if( ！ username.equals("admin")){
  // 允许注册， 注册成功后进入主页
  request.setAttribute("mess"," 注册成功 ");
  response.sendRedirect("index.jsp");
  }
%>
```

提示

使用重定向时，当页面跳转到指定页面后，本次请求的数据将会丢失。

（2）使用转发实现页面跳转

使用转发可以实现同一个请求的信息在多个页面中共享。当客户端请求提交到服务器的 JSP 处理的时候，这个 JSP 可以携带请求和响应对象转移到本 Web 应用的另一处进行处理，在另一处处理结束后，产生结果页面响应给客户端浏览器。此时客户端浏览器可以看到结果页面，但 URL 并没有变化，所以客户端不会“知道”服务器端是经过多处的处理后才产生本次请求的结果。转发的语法如下。

```
request.getRequestDispatcher("path").forward(request, response);
```

参数 path 表示将要跳转的页面名称或者路径。

示例 6

当用户注册失败后，使用属性保存提示信息，将页面跳转回注册页面。

关键代码：

```
<%
  // 设置请求的编码方式
  request.setCharacterEncoding("UTF-8");
  // 设置响应的编码方式
  response.setCharacterEncoding("UTF-8");
  String username=request.getParameter("username");
  if(username.equals("admin")){
      // 不允许注册， 返回注册页面
        request.setAttribute("mess", " 注册失败， 请更换其他用户名 ");
        request.getRequestDispatcher("userCreate.jsp").forward(request, response);
  }else{
        request.setAttribute("mess"," 注册成功 ");
        response.sendRedirect("index.jsp");
  }
%>
```

提示

使用转发时，会将本次提交的请求与响应一并转发到下一个页面中，所以在下一个页面中，依然可以使用 request 对象和 response 对象获取到请求或响应的数据信息。

（3）转发与重定向的比较

➢ 重定向的执行过程：Web 服务器向浏览器发送一个 HTTP 响应→浏览器接受此响应后再发送一个新的 HTTP 请求到服务器→服务器根据此请求寻找资源并发送给浏览器。它可以重定向到任意 URL，不能共享 request 范围内的数据。

- 重定向是在客户端发挥作用，通过请求新的地址实现页面转向。
- 重定向是通过浏览器重新请求地址，在地址栏中可以显示重定向后的地址。
- 转发的过程：Web 服务器调用内部的方法在容器内部完成请求处理和转发动作→将目标资源发送给浏览器，它只能在同一个 Web 应用中使用，可以共享 request 范围内的数据。
- 转发是在服务器端发挥作用，通过 forward() 方法将提交信息在多个页面间进行传递。
- 转发是服务器内部控制权的转移，客户端浏览器的地址栏不会显示转发后的地址。

本任务的运行效果如图 1.11 和图 1.12 所示。

图 1.11　用户注册

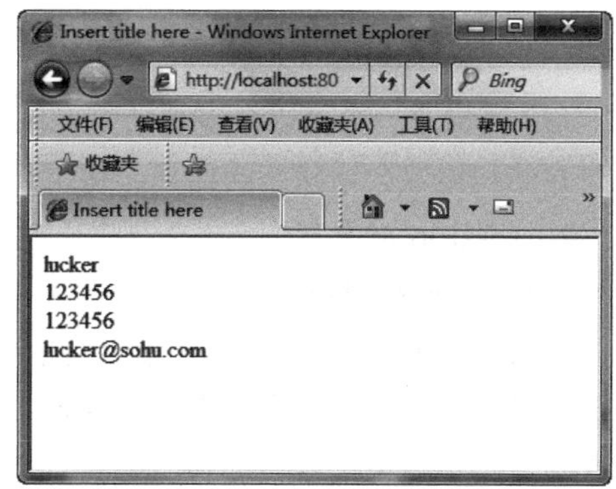

图 1.12　读取注册数据

任务 4　在 JSP 中合理存储数据

关键步骤如下。

- 使用 session 对象实现数据的保存和读取。
- 使用 Cookie 实现数据的保存和读取。
- 使用 application 对象实现数据的保存和读取。

1.4.1　理解会话

1. 会话的概念

会话就是用户通过浏览器与服务器之间进行的一次通话，它可以包含浏览器与服务器之间的多次请求、响应过程。简单地说就是在一段时间内，单个客户端与 Web 服务器的一连串相关的交互过程。

在一个会话中，客户端可能会多次请求访问一个网页，也有可能请求访问各种不同的服务器资源。

图 1.13 描述了浏览器与服务器的一次会话过程。当用户向服务器发出第一次请求时，

服务器会为该用户创建唯一的会话，会话将一直延续到用户访问结束（浏览器关闭可以结束会话）。

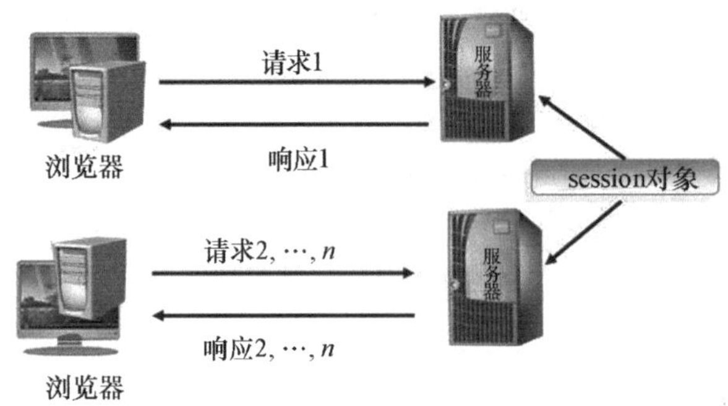

图 1.13　一次会话过程

JSP 提供了一个可以在多个请求之间持续有效的会话对象 session，session 对象允许用户存储和提取会话状态的信息。接下来，我们就来学习 JSP 内置对象 session。

2. session 对象

（1）session 对象

session 一词的原意是指有始有终的一系列动作，在实际应用中通常翻译成会话。例如，打电话时，甲方拿起电话拨通乙方电话这一系列的过程就可以称为一个会话，电话挂断时会话结束。

（2）session 的工作方式

session 机制是一种服务器端的机制，在服务器端保存信息。当程序接收到客户端的请求时，服务器首先会检查是否已经为这个客户端创建了 session。判断 session 是否创建是通过一个唯一的标识“sessionid”来实现的。如果在客户端请求中包含了一个 sessionid，则说明在此前已经为客户端创建了 session，服务器就会根据这个 sessionid 将对应的 session 读取出来。否则，就会重新创建一个新的 session，并生成一个与此 session 对应的 sessionid，然后将 sessionid 在首次响应过程中返回到客户端保存。

（3）使用 session 实现数据的存储与读取

使用 session 进行数据保存时，需要调用相应的方法。session 对象常用的方法如表 1-7 所示。

表1-7　session对象的常用方法

方　法	返回值类型	说　明
setAttribute(String key, Object value)	void	以 key-value 的形式保存对象值
getAttribute(String key)	Object	通过 key 获取对象值
getId()	String	获取 sessionid
invalidate()	void	设置 session 对象失效
setMaxInactiveInterval(int interval)	void	设置 session 的有效期
removeAttribute(String key)	void	移除 session 中的属性

使用 session 保存数据。

```
session.setAttribute(String key,Object value);
```

从 session 中读取数据。

```
Object value = session.getAttribute(String key);
```

示例 7

用户注册成功后，将用户信息保存到 session 中，在新页面中读取 session 保存的用户信息并显示。

分析如下。

要完成此功能，首先要在用户注册成功后，将用户的信息保存到 session 中。然后当页面跳转到下一个 JSP 时，读取 session 中的数据并显示。需要注意的是，读取 session 时，首先要对 session 内容进行判断，否则对一个不存在的数据进行方法调用将会造成程序异常。

关键代码如下。

注册处理页面关键代码：

```
<%
  if(username.equals("admin")){
     // 不允许注册， 返回注册页面
     ……
  }else{
     session.setAttribute("user", username);
     response.sendRedirect("index.jsp");
   }
%>
```

注册成功跳转页面关键代码：

```
<%
  Object o=session.getAttribute("user");
  if(o==null){
       // 显示用户名密码输入框， 可以在此登录
%>
        <label> 用户名 </label><input type="text" name="uname" /><label> 密码 </label><input type=
"text" name="upassword" /><button> 登录 </button>
<%
  }else{
       // 显示 " 欢迎你， XXX"
       out.print(" 欢迎你， "+o.toString());
  }
%>
```

当运行注册页面，输入用户名“user”时，运行效果如图 1.14 所示。

图 1.14 使用 session 保存数据

（4）session 的有效期

设置 session 有效期的作用是通过及时清理不使用的 session 以实现资源的释放。在 JSP 中清除或者设置 session 过期的方式有两种，一种是程序主动清除 session，另一种是服务器主动清除长时间没有发出请求的 session。

- 程序主动清除 session 的方式也分为两种：一种是使用 session.invalidate(); 使 session 失效；另一种是如果仅仅希望清除 session 中的某个属性，可以使用 session. removeAttribute("userName"); 方法将指定名称的属性清除。
- 服务器主动清除 session 同样也可以通过两种方式实现：一种是通过设置 session 的过期时间，调用 setMaxInactiveInterval(int interval) 方法设置 session 的最大活动时间，以秒为单位，如果在这个时间内客户端没有再次发送请求，那么服务器将清除这个 session；另一种是通过在配置文件中设置过期时间来实现，即在 Tomcat 服务器的 web.xml 文件中 <web-app> 和 </web-app> 之间添加如下代码。

```
<session-config><session-timeout>10</session-timeout></session-config>
```

注意

<session-timeout> 里设置的数值以分为单位，而不是以秒为单位。

1.4.2 使用 Cookie

1．Cookie

（1）Cookie 的概念

Cookie 由服务器端生成并发送给客户端浏览器，浏览器会将其保存成某个目录下的文本文件。

（2）Cookie 的工作原理

用户在浏览网站时，Web 服务器会将一些资料存放在客户端，这些资料包括用户在浏览网站期间输入的一些文字或选择记录。当用户下一次访问该网站的时候，服务器会从客户端查看是否有保留下来的 Cookie 信息，然后依据 Cookie 的内容，呈现特定的页面内容给用户。

（3）Cookie 与 session 的比较

- session 是在服务器端保存用户信息，Cookie 是在客户端保存用户信息。
- session 中保存的是对象，Cookie 中保存的是字符串。
- session 对象随会话结束而失效，Cookie 则可以长期保存在客户端。
- Cookie 通常用于保存不重要的用户信息，重要的信息使用 session 保存。

2. Cookie 的应用

在 JSP 中使用 Cookie 需要经过以下三个步骤。

（1）创建 Cookie 对象

创建 Cookie 对象的语法如下。

```
Cookie cookieName=new Cookie(String key,String value);
```

- 变量 cookieName：引用创建的 Cookie 对象。
- 参数 key：Cookie 的名称。
- 参数 value：Cookie 所包含的值。

（2）写入 Cookie

Cookie 创建后，需要将其添加到响应中发送回浏览器保存，在响应中写入 Cookie 对象的语法如下。

```
response.addCookie(cookieName);
```

示例 8

用户登录成功，使用 Cookie 保存用户名。

关键代码：

```
// 允许注册， 注册成功
Cookie cookie=new Cookie("user",username);
response.addCookie(cookie);
……
response.sendRedirect("index.jsp");
```

（3）读取 Cookie

JSP 通过 response 对象的 addCookie() 方法写入 Cookie 后，读取时将会调用 JSP 中 request 对象的 getCookies() 方法，该方法将会返回一个 Cookie 对象数组，因此必须要通过遍历的方式进行访问。Cookie 通过 key-value 方式保存，因而在遍历数组时，需要通过调用 getName() 对每个数组成员的名称进行检查，直至找到需要的 Cookie，然后再调用 Cookie 对象的 getValue() 方法获得与名称对应的值。读取 Cookie 的语法如下。

```
Cookie[] cookies=request.getCookies();
```

示例 9

在新闻系统首页读取 Cookie 中的用户名。

关键代码：

```
<%
  Cookie[] cookies=request.getCookies();
  String user="";
  for(int i=0;i<cookies.length;i++){
     if(cookies[i].getName().equals("user")){
          user=cookies[i].getValue();
     }
  }
%>
<label> 用户名 </label><input type="text" name="uname" value="<%=user %>" />
```

运行程序，当在首页单击“注销”按钮后，用户名会自动显示在“用户名”文本框中。效果如图 1.15 和图 1.16 所示。

图 1.15　注册成功后保存用户名

图 1.16　读取 Cookie 显示用户名

注意

在读取 Cookie 时，为了确保页面运行不会出现异常，建议在循环 Cookie 数组时先对数组进行非空判断，以免出现空指针异常。

Cookie 创建后，可以通过调用其自身的方法来对 Cookie 进行设置。Cookie 的常用方法如表 1-8 所示。

表1-8　Cookie的常用方法

方　法	返回值类型	说　明
setValue(String value)	void	创建 Cookie 后，为 Cookie 赋值
getName()	String	获取 Cookie 的名称
getValue()	String	获取 Cookie 的值
getMaxAge()	int	获取 Cookie 的有效期，以秒为单位
setMaxAge(int expiry)	void	设置 Cookie 的有效期，以秒为单位

提示

使用 setMaxAge(int expiry) 时，有以下几种情况。

① 通常情况下 expiry 参数应为大于 0 的整数，表示 Cookie 的有效时间。

② 如果设置 expiry 参数为 0，表示删除 Cookie。

③ 设置 expiry 参数为 -1 或者不设置，表示 Cookie 会在当前窗口关闭后失效。

1.4.3　application 内置对象与全局作用域

application 对象类似于系统的“全局变量”，每个 Web 项目都会有一个 application 对象，可以在整个 Web 项目中共享使用数据。application 对象的常用方法如表 1-9 所示。

表1-9　application对象的常用方法

方　法	返回值类型	说　明
setAttribute(String key,Object value)	void	以 key-value 的形式保存对象值
getAttribute(String key)	Object	通过 key 获取对象值

示例 10

统计网站的访问人数。

关键代码：

```
<%
    Object count=application.getAttribute("count");
    if(count==null){                          //application 中未存放 count
        application.setAttribute("count", new Integer(1));
    }else{                                    //application 中已经存放 count
        Integer i=(Integer)count;
          application.setAttribute("count", i.intValue()+1);
    }
    Integer icount=(Integer)application.getAttribute("count");
    out.println(" 页面被访问了 "+icount.intValue()+" 次 ");
%>
```

运行程序，在页面底部显示访问次数，效果如图 1.17 所示。

图 1.17 统计网站访问次数

补充知识

在 JSP 中的对象，包括用户创建的对象，都有一个范围属性，这个范围也称为“作用域”。作用域定义了在什么时间内，在哪一个 JSP 中可以访问这些对象。在 JSP 中有四种作用域，分别是 page、request、session 和 application。

1.4.4 page 作用域与 pageContext 对象

所谓的 page 作用域指单一 JSP 的范围，page 作用域内的数据只能在本页面中访问。

在 page 作用域内可以使用 pageContext 对象的 setAttribute() 和 getAttribute() 方法来访问具有这种作用域类型的数据。

page 作用域内的对象在客户端每次请求 JSP 时创建，在服务器发送回响应或请求转发到其他的页面或资源后失效。

示例 11

制作两个 JSP 页面，在 testOne 页面中使用 pageContext 对象保存一个数据，在 testTwo 页面中读取数据，查看效果。

分析如下。

如果在创建对象时指定作用范围为 page 范围，那么这个对象只能在当前页面内被访问，如果在其他页面中进行访问，将无法获取到该对象信息。

关键代码如下。

testOne.jsp 页面代码：

```
<%
    String name = "page";
    pageContext.setAttribute("name",name);
```

```
%>
<strong>
testOne:<%=pageContext.getAttribute("name") %>
</strong>
<br/>
<%
    pageContext.include("testTwo.jsp")
%>
```

testTwo.jsp 页面代码：

```
<strong>
testTwo:<%=pageContext.getAttribute("name") %>
</strong>
```

运行效果如图 1.18 所示。

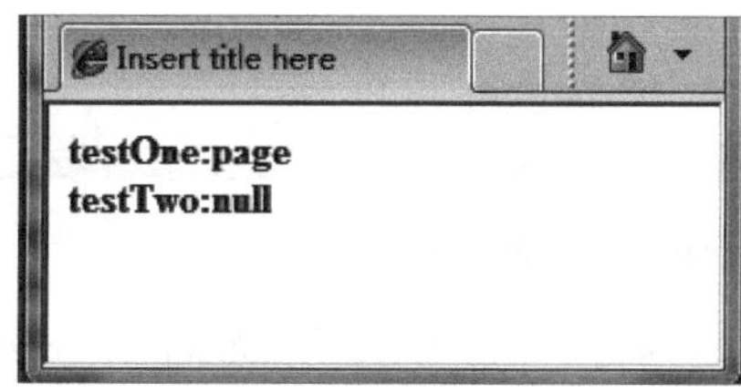

图 1.18　page 作用域

提示

pageContext 对象本身也属于 page 范围。具有 page 范围的对象都被绑定到 pageContext 对象中。

1.4.5　不同作用域的对比

到目前为止，我们已经掌握了对象的四种作用域范围。它们彼此之间的区别如表 1-10 所示。

表1-10　四种对象作用域范围的比较

名　称	说　明
page 作用域	只在当前页面有效，一旦离开当前页面，则在该范围内创建的对象将无法访问
request 作用域	在同一个请求范围内可以访问该范围内创建的对象，一旦请求失效，则创建的对象也随之失效
session 作用域	在会话没有失效或者销毁前，都可以访问该范围内的对象
application 作用域	在整个 Web 应用服务没有停止前，都可以从 application 中进行数据的存取

本章总结

本章学习了以下知识点。

- B/S 程序架构的工作原理。
- Tomcat 服务器的安装与配置。
- 使用 MyEclipse 工具创建 Web 项目。
- JSP 基本语法。
  - page 指令。
  - JSP 注释。
  - 变量。
- 使用 JSP 实现输出显示。
- 使用 JSP 实现数据传递。
- 使用 JSP 实现数据保存。

本章练习

1．在某个 JSP 页面中使用了 page 指令。

```
<%page import="java.util.* ;java.sql.*" contentType="text/html,charSet= GBK"%>
```

请指出在这个 page 指令中存在几处错误，并对这些错误进行修改。

2．编写一个 JSP 页面，要求用户输入自己的身份证号，提交后在页面上显示该用户的身份证号。

3．编写一个 JSP 页面“lucknum.jsp”，产生 0 ～ 9 之间的随机数作为用户的幸运数字，将其保存到会话中，并重定向到另一个页面 showLuckNum.jsp 中，在该页面中将用户的幸运数字显示出来。

4．使用 Cookie 简化用户邮箱登录，要求如下。

（1）用户第一次登录时需要输入用户名和密码。

（2）登录成功后，在 Cookie 中保存用户的登录状态。

（3）设置 Cookie 有效期为 5 分钟。

（4）在有效期内用户再次登录时，直接显示用户名。

第 2 章

Java Web 应用实现数据库访问

技能目标

- ❖ 会使用 JDBC 读取数据
- ❖ 会使用接口优化业务逻辑
- ❖ 掌握连接池与数据源
- ❖ 掌握 JavaBean 的使用
- ❖ 掌握 JSP 标签

本章任务

学习本章，需要完成以下 4 个工作任务。记录学习过程中遇到的问题，可以通过自己的努力或访问 kgc.cn 解决。

任务 1：在 Java 中实现新闻信息的查询

使用 JDBC 访问新闻系统数据库，查询新闻信息并在控制台显示。

任务 2：使用 JDBC 编辑新闻信息

升级任务 1，实现对新闻信息的编辑（新增）操作，并将新增后的新闻信息在控制台显示。

任务 3：在 JSP 页面中展示新闻列表

使用 JDBC 访问数据库，从数据库中读取新闻信息，在 JSP 中以列表方式显示新闻信息。

任务 4：通过 JSP 页面添加新闻信息

在新闻系统中，编写代码实现新闻信息添加功能。

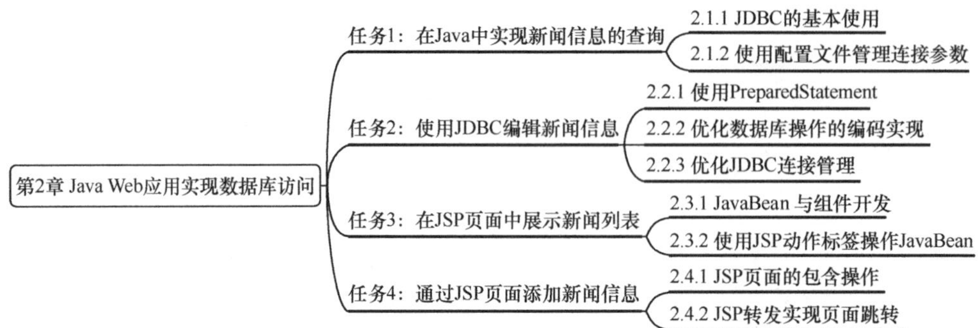

任务 1 在 Java 中实现新闻信息的查询

关键步骤如下。

- 使用 JDBC 访问数据库。
- 使用 JDBC 操作数据库。
- 将查询到的数据在控制台输出显示。

2.1.1 JDBC 的基本使用

在之前的学习中，新闻标题等数据的存储和显示都是在 JSP 中直接通过变量来实现的，但是当页面中需要显示大量的数据信息时，就不能再使用变量来实现了。使用数据库来存储数据，通过访问数据库实现数据的读取和编辑，是进行项目开发必须要掌握的一门技术。

1. JDBC 技术

（1）JDBC 的概念

JDBC（Java DataBase Connectivity）是一种 Java 数据库连接技术，能实现 Java 程序对各种数据库的访问。由一组使用 Java 语言编写的类和接口组成，这些类和接口称为 JDBC API，它们位于 java.sql 以及 javax.sql 包中。

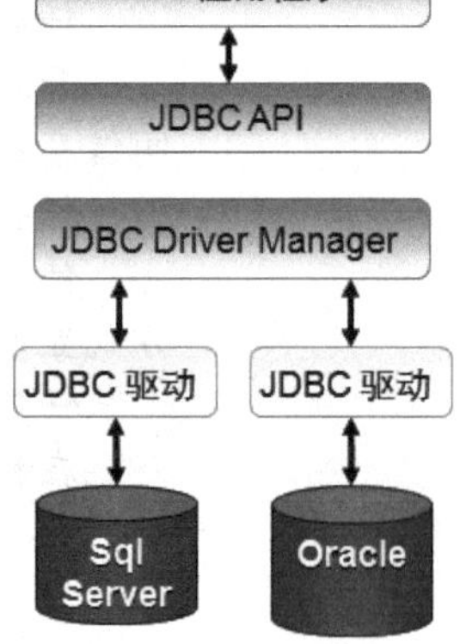

图 2.1　JDBC 工作原理

（2）JDBC 的作用

在项目开发中，使用 JDBC 可以实现应用程序与数据库之间的数据通信，简单来说，JDBC 的作用有以下 3 点。

1）建立与数据库之间的访问连接。

2）将编写好的 SQL 语句发送到数据库执行。

3）对数据库返回的结果进行处理。

（3）JDBC 的工作原理

JDBC 在执行时有一套固定的流程，图 2.1 所示为 JDBC

的工作原理。

JDBC 原理

从图 2.1 中可以看到一个 JDBC 程序有几个重要的组成要素。顶层是自己编写的 Java 应用程序，Java 应用程序可以使用 java.sql 和 javax.sql 包中的 JDBC API 来连接和操作数据库。了解 JDBC 工作原理请扫描二维码。

2. 使用 JDBC 访问数据库

（1）JDBC API

使用 JDBC 访问数据库，就必须要使用到 JDBC API。JDBC API 可以完成 3 件事情：与数据库建立连接、发送 SQL 语句和处理数据库返回的结果，如图 2.2 所示。

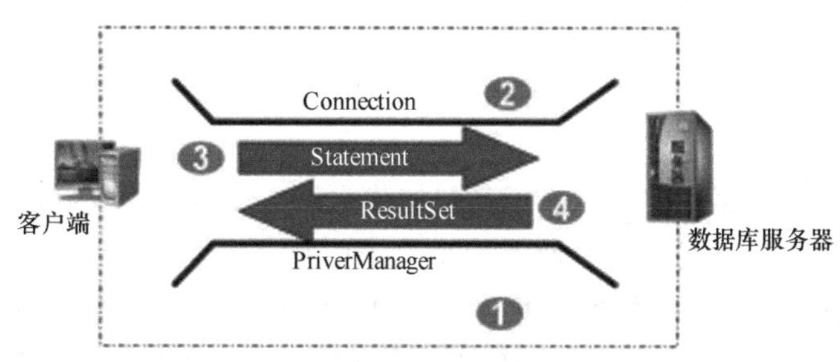

图 2.2　JDBC API

图 2.2 展示了在使用 JDBC API 时，JDBC API 工作的 4 个重要环节涉及的相关类和接口。

1）DriverManager 类：负责依据数据库的不同，管理 JDBC 驱动。

2）Connection（连接）接口：负责连接数据库并担任传送数据的任务。

3）Statement 接口：由 Connection 产生，负责执行 SQL 语句。

4）ResultSet 接口：负责保存 Statement 执行后所产生的执行结果。

（2）JDBC 访问数据库的步骤

实现数据库的访问，需要执行以下几个步骤。

1）使用 Class.forName() 方法加载 JDBC 驱动类。如果系统中不存在给定的类，则会引发异常，异常类型为“ClassNotFoundException”。加载驱动的语法如下：

```
Class.forName("JDBC 驱动类的名称");
```

2）使用 DriverManager 类获取数据库的连接。

DriverManager 类跟踪已注册的驱动程序，当调用 getConnection() 方法时，它会搜索整个驱动程序列表，直到找到一个能够连接至数据库连接字符串中指定的数据库的驱动程序。加载此驱动程序之后，将使用 DriverManager 类的 getConnection() 方法建立与数据库的连接。此方法接收 3 个参数，分别表示数据库 URL、数据库用户名和密码。其中，数据库用户名和密码是可选的。获取数据库连接的语法如下：

```
Connection connection = DriverManager.getConnection( 数据库 URL, 数据库用户名 , 密码 );
```

示例 1

使用 JDBC 访问新闻系统数据库，加载数据库驱动，获取数据库连接。

关键代码：

```
public void getNewsList(){
  try {
      //(1) 使用 Class.forName() 加载驱动
      Class.forName("com.mysql.jdbc.Driver");
      //(2) 获得数据库连接
      Connection connection=DriverManager.getConnection("jdbc:mysql://localhost:3306/news",
      "root","root");
  } catch (ClassNotFoundException e) {
      e.printStackTrace();
  }
}
```

使用 JDBC 访问数据库的第一步就是要加载驱动，然后是获取数据库连接，这个过程可能会产生异常，所以在代码中使用了 try-catch 语句对异常进行捕捉处理。

3）发送 SQL 语句，并得到结果集。一旦建立连接，就可以使用该连接创建 Statement 接口的实例，并将 SQL 语句传递给它所连接的数据库，若执行的是查询语句，会返回类型为 ResultSet 的对象，它包含执行 SQL 查询语句的结果。

创建 Statement 接口实例的语句如下。

```
Statement stmt = connection.createStatement();
```

获取结果集对象的语句如下。

```
ResultSet rs = stmt.executeQuery("SELECT a, b, c FROM table1");
```

示例 2

在示例 1 的基础上，执行 SQL 语句并获得结果集。

关键代码：

```
……
  //(1) 使用 Class.forName() 加载驱动
  Class.forName("com.mysql.jdbc.Driver");
  //(2) 获得数据库连接
  Connection connection=DriverManager.getConnection("jdbc:mysql://localhost:3306/news",
  "root","root");
  //(3) 获得 Statement 对象， 执行 SQL 语句
  String sql="select * from news_detail";
  Statement stmt=connection.createStatement();
  ResultSet rs=stmt.executeQuery(sql);
……
```

4）处理结果。

执行 SQL 查询语句后，会返回一个结果集 ResultSet 对象。对结果集进行处理的步骤概括如下。

- 使用 ResultSet 对象的 next() 方法判断结果集是否包含数据。
- 在 next() 方法返回 true 的情况下调用 ResultSet 对象的 getXxx() 方法，得到记录中字段对应的值。

示例 3

在示例 2 的基础上，对结果集进行处理。

关键代码：

```
……
  //(4) 处理执行结果 (ResultSet)
  while(rs.next()){
     int id=rs.getInt("id");
     String title=rs.getString("title");
     String summary=rs.getString("summary");
     String content=rs.getString("content");
     String author=rs.getString("author");
     Timestamp time=rs.getTimestamp("createdate");
     System.out.println(id + "\t" + title + "\t" + summary + "\t"+
     content + "\t" + author + "\t" + time);
  }
……
```

5）释放资源。在结束数据库访问后，应及时地释放资源。释放资源时需要注意如下两个问题。

- 释放资源应按照创建的顺序逐一进行释放，先创建的后释放，后创建的先释放。
- 由于资源释放不考虑程序本身运行是否正常，所以将释放资源置于 finally 语句块中，确保程序最终会执行资源释放的语句。

示例 4

结束数据库访问后，释放资源。

关键代码：

```
……
finally{
  //(5) 释放资源
  try {
      if(rs!=null){
          rs.close();                  // 关闭结果集对象
      }
      if(stmt!=null){
          stmt.close();                          // 关闭 Statement 对象
```

```
            }
            if(connection!=null){
                connection.close();                    // 关闭连接对象
            }
        } catch (SQLException e) {
            e.printStackTrace();
        }
    }
    ……
```

注意

如果对一个已经关闭的或者没有实例化的 Connection 对象进行关闭，系统会抛出异常。所以在关闭时，一个良好的习惯是，首先对关闭对象进行判断，判断其是否为 NULL，然后再确定是否关闭。

2.1.2 使用配置文件管理连接参数

使用 JDBC 访问数据库时，除了可以把数据库参数写在代码中，还可以使用配置文件的形式保存数据库连接参数。使用配置文件方式访问数据库的优势在于，可以一次编写，随时调用，并且一旦数据库发生变化，只需要修改配置文件即可，无需修改源代码。

1．配置文件的创建与设置

（1）配置文件的创建

在项目中创建配置文件的方式很简单，具体的操作步骤在这里不再赘述。需要强调的是，配置文件的扩展名是“.properties”。

（2）配置文件的设置

创建好配置文件后，就可以在配置文件中进行数据库参数的相关配置。在配置文件中，采用 key-value 对（键—值对）的方式进行内容的组织。

示例 5

修改新闻系统数据库访问方式，通过配置文件来存储访问信息。

关键代码：

```
jdbc.driver_class=com.mysql.jdbc.Driver
jdbc.connection.url=jdbc:mysql://localhost:3306/news
jdbc.connection.username=root
jdbc.connection.password=root
```

提示

以 key-value 对方式进行配置文件的编写，等号左边表示键（key），等号右边表示值（value）。

2. 读取配置文件

由于将数据库参数保存在配置文件中，所以在进行数据库连接时就需要对配置文件进行读取。在本书中，使用 Properties 对象的 load() 方法来实现配置文件的读取，这就涉及使用流来实现文件的读操作。

通常在进行文件读取时，都会将方法置于一个工具类中，并在构造这个工具类的同时来进行配置文件的读取。

示例 6

构建数据库访问的工具类，用于读取配置文件。

关键代码：

```
// 读取配置文件 （属性文件） 的工具类
public class ConfigManager {
    private static ConfigManager configManager;
    private static Properties properties;
    // 在构造工具类时， 进行配置文件的读取
    private ConfigManager(){
      String configFile="database.properties";
      properties=new Properties();
      InputStream in=ConfigManager.class.getClassLoader().getResource AsStream (configFile);
      try {
            // 读取配置文件
            properties.load(in);
            in.close();
      } catch (IOException e) {
            e.printStackTrace();
      }
    }
    // 通过单例模式设置实例化的个数
    public static ConfigManager getInstance(){
        if(configManager==null){
            configManager=new ConfigManager();
        }
        return configManager;
    }
    // 通过 key 获取对应的 value
    public String getString(String key){
        return properties.getProperty(key);
    }
}
```

在工具类编写完成后，就可以在程序中进行调用了，先通过读取配置文件，获取连接数据库相关的参数信息，然后建立数据库连接，获取到相关访问数据后，再实现对数

据库的操作。

示例 7

使用配置文件方式实现数据库访问。

关键代码：

```
public void getNewsList(){
    Connection connection=null;
    Statement stmt=null;
    ResultSet rs=null;
    // 通过工具类读取配置文件相关信息
    String driver=ConfigManager.getInstance().getString("jdbc.driver_class");
    String url=ConfigManager.getInstance().getString("jdbc.connection.url");
    String username=ConfigManager.getInstance().getString("jdbc.connection.username");
     String password=ConfigManager.getInstance().getString("jdbc.connection.password");
     try {
        //(1) 使用 Class.forName() 方法加载驱动
        Class.forName(driver);
        //(2) 获得数据库连接
        connection=DriverManager.getConnection(url,username,password);

        //(3) 获得 Statement 对象， 执行 SQL 语句
        ……
}
```

在示例 7 中，将读取新闻信息时的数据库访问方式修改成通过配置文件读取方式实现，修改完毕后，运行程序依然可以实现数据的读取显示。

任务 2 使用 JDBC 编辑新闻信息

关键步骤如下。

- 使用 JDBC 访问数据库。
- 使用 PreparedStatement 对象实现信息编辑。
- 对执行结果进行处理。

2.2.1 使用 PreparedStatement

1. PreparedStatement 对象

PreparedStatement 接口继承自 Statement 接口，PreparedStatement 对象比普通的 Statement 对象使用起来更加灵活、更有效率。

PreparedStatement 实例包含已编译的 SQL 语句，SQL 语句可具有一个或多个输入

参数。这些输入参数的值在 SQL 语句创建时未被指定，而是为每个输入参数保留一个问号"?"作为占位符。

在执行 PreparedStatement 对象之前，必须设置每个输入参数的值。可通过调用 setXxx() 方法来完成，其中 Xxx 是与该参数对应的类型。例如，如果参数是 Java 类型 int，则使用的方法就是 setInt()。

setXxx() 方法的第一个参数是要设置的参数的序数位置，第二个参数是设置给该参数的值。

注意

① 如果数据类型为日期格式，可采用如下语句。

```
setTimestamp( 参数位置 , new java.sql.Timestamp(createdate.getTime()));
```

createdate 为一个日期对象的实例。

② 如果数据类型为 CLOB 类型，则可以将其视为 String 类型进行设置。

经验

PreparedStatement 对象对 SQL 语句进行了预编译，所以其执行速度要快于 Statement 对象。因此，多次执行的 SQL 语句应使用 PreparedStatement 对象处理，以提高效率。

2. **使用 PreparedStatement 实现数据的编辑**

对于数据库数据的操作，归纳起来就是数据的增、删、改、查 4 种操作类型。在本章任务 1 中，已经实现了新闻信息的查询，所以在这里只以增加新闻的功能为例进行介绍，而新闻的删除、修改在实现逻辑上的思路是一样的，仅仅是在 SQL 语句的编写上存在一些区别，就不再做过多的描述了。

实现新闻信息增加的功能，需要执行以下几个步骤。

1）编写增加新闻的 SQL 语句。

2）创建 PreparedStatement 对象的实例，并为占位符赋值。

3）执行 SQL 语句。由于 PreparedStatement 对象对 SQL 语句实现了预编译，所以在执行时，直接调用 executeUpdate() 方法即可。

4）根据执行结果进行处理。对数据库记录的增、删、改操作，都会有一个 int 类型的返回结果，表示操作所影响的记录数，如果这个记录数的数值大于 0，表示 SQL 语句成功影响若干行记录，否则表示 SQL 语句未影响任何记录。

提示

数据库的增、删、改操作，除了 SQL 语句不同，其他的操作步骤完全相同，在学习时只需要掌握增加操作的实现过程，然后举一反三，即可掌握另两种数据库操作方式。

2.2.2 优化数据库操作的编码实现

1. BaseDao 类

（1）BaseDao 类的作用

到目前为止，我们已经学习了如何使用 JDBC 查询数据库以及如何使用 JDBC 实现对新闻信息的编辑。仔细观察，不难发现，在进行数据库操作时，很多代码是重复编写的，如获取数据库连接、释放资源。而不同的则是 SQL 语句、参数数量及对 SQL 执行结果的处理。因此，数据库操作代码是可以进行优化的，将需要重复编写的代码进行提取，单独存放到一个类中，在实际应用开发中，通常将这个类定义为 BaseDao 类。

（2）编写 BaseDao 类

编写 BaseDao 类，需要实现以下几个功能。

- 获取数据库的连接。
- 执行数据库的增、删、改、查操作。
- 执行每次访问结束后的资源释放工作。

按照 BaseDao 类的作用，编写方法逐一实现获取数据库连接，数据的增、删、改、查以及释放资源。

示例 8

编写一个 BaseDao 类，能够获取数据库连接，具备数据库增、删、改、查的通用方法，以及释放资源的通用方法。

关键代码：

```
// 基类： 数据库操作通用类
public class BaseDao {
    protected Connection conn;
    protected PreparedStatement ps;
    protected Statement stmt;
    protected ResultSet rs;
    // 获取数据库连接
    public boolean getConnection() {
        return true;
    }
    // 增、 删、 改
    public int executeUpdate(String sql, Object[] params) {
```

```
            int updateRows = 0;
            return updateRows;
        }
        // 查询
        public ResultSet executeSQL(String sql,Object[] params) {
            return rs;
        }
        // 关闭资源
        public boolean closeResource() {
            return true;
        }
    }
```

在示例 8 中列举了在 BaseDao 类中需要完成的方法，具体的实现方法这里不再详细描述。了解具体实现请扫描二维码。

注意

在本节中，将实现数据库信息增、删、改、查的通用方法编写在 BaseDao 类中，这种方式不是必须的。在实际开发中 BaseDao 类可以只包含数据库访问相关的方法，而对于数据库记录操作的方法可以单独编写在一个专门的类中。

2. 使用接口优化新闻编辑

在之前完成新闻信息查询和新闻信息编辑时，将实现的方法均写在类中，现在只需要将类转换成接口，然后通过实现这个接口中的方法就能够实现对新闻信息的读取和编辑操作。

示例 9

编写接口，实现对新闻信息的增、删、改、查。

关键代码：

```
public interface NewsDao {
    // 查询新闻信息
    public void getNewsList();
    // 增加新闻信息
    public void add(int id, int categoryId, String title, String summary,
            String content, Date createdate);
    // 删除新闻信息
    public void delete(int id);
    // 修改新闻标题信息
    public void update(int id, String title);
}
```

接口编写完毕后，就需要编写接口的实现类来实现接口中定义的方法。

示例 10

编写新闻信息接口的具体实现类，并实现相应的增、删、改、查方法。

关键代码：

```
public class NewsDaoImpl extends BaseDao implements NewsDao {
  // 查询新闻信息
  public void getNewsList(){
      ......
  }
  // 增加新闻信息
  public void add(int id, int categoryId, String title, String summary,
          String content, Date createdate) {
      ......
  }
  // 删除新闻信息
  public void delete(int id) {
      ......
  }
  // 修改新闻标题信息
  public void update(int id, String title) {
      ......
  }
}
```

在示例 10 中编写了一个 NewsDaoImpl 接口实现类，继承了 BaseDao 的同时又实现了示例 9 中的 NewsDao 接口，重写了其方法，具体实现方法这里不再赘述。

提示

在编写接口实现类时，在实现接口的同时，一般还继承 BaseDao 类，就是因为在实现类中可以直接调用 BaseDao 类中定义好的方法，而不用再去导入相应的类。

2.2.3 优化 JDBC 连接管理

1. 数据源与连接池技术

数据源是在 JDBC 2.0 中引入的一个概念。在 JDBC 扩展包中定义了 javax.sql.DataSource 接口，它负责建立与数据库的连接，在应用程序访问数据库时不必编写连接数据库的代码，可以直接从数据源获得数据库连接。

DataSource 的全称为“javax.sql.DataSource”，它有一组特性可以用于确定和描述它所表示的现实存在的数据源，我们配置好的数据库连接池也是以数据源的形式存在的。

在 DataSource 中事先建立了多个数据库连接，这些数据库连接保存在连接池（Connection Pool）中。Java 程序访问数据库时，只需从连接池中取出处于空闲状态的数据库连接，当程序结束数据库访问时，再将数据库连接返回给连接池，这样做可以提高访问数据库的效率。

简单来说，数据源（DataSource）的作用是获取数据库连接，而连接池则是对已经创建好的连接对象进行管理，二者的作用不同。连接池的工作原理如图 2.3 所示。

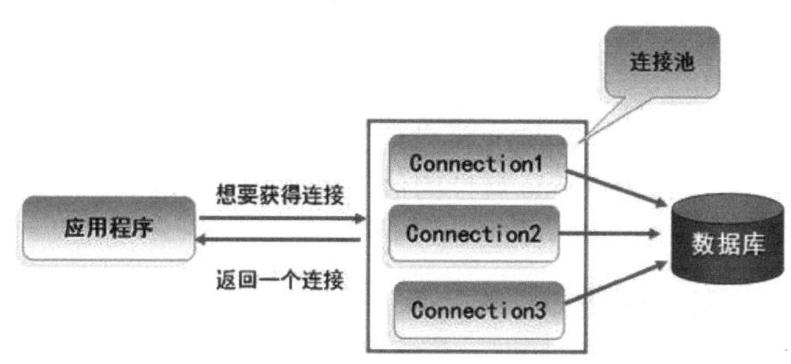

图 2.3　数据源与连接池工作原理

2. 数据源的配置

数据源的配置有固定模式，例如配置 Tomcat 服务器的配置文件，只需在 Tomcat 服务器的 conf/context.xml 文件中添加如下配置信息：

```
<Resource name="jdbc/news"
        auth="Container"  type="javax.sql.DataSource"  maxActive="100"
        maxIdle="30" maxWait="10000" username="root"  password="root"
        driverClassName="com.mysql.jdbc.Driver"
        url="jdbc:mysql://localhost:3306/news"/>
```

Resource 元素中各个属性的含义如表 2-1 所示。

表2-1　Resource元素属性说明

属性	说　明
name	指定 Resource 的 JNDI 名称
auth	指定管理 Resource 的 Manager（Container 由容器创建和管理，Application 由 Web 应用创建和管理）
type	指定 Resource 所属的 Java 类
maxActive	指定连接池中处于活动状态的数据库连接的最大数量
maxIdle	指定连接池中处于空闲状态的数据库连接的最大数量
maxWait	指定连接池中连接处于空闲的最长时间，超过这个时间会提示异常，取值为 -1，表示可以无限期等待，单位为毫秒（ms）

至此，数据源的配置已经完成，下面介绍如何从程序中来访问数据源。

3. 使用 JNDI 读取数据源

JNDI（Java Naming and Directory Interface，Java 命名与目录接口）是一个为应用

程序设计的 API，为开发人员提供了查找和访问各种命名和目录服务的通用、统一的接口。

我们可以把 JNDI 简单地理解为一种将对象和名字绑定的技术，即指定一个资源名称，将该名称与某一资源或服务相关联。由于数据源是由 Tomcat 容器创建的，因此需要使用 JNDI 来获取数据源。

获取数据源时，javax.naming.Context 提供了查找 JNDI Resource 的接口，通过该对象的 lookup() 方法，就可以找到之前创建好的数据源。lookup() 方法的语法如下。

```
lookup("java:comp/env/ 数据源名称 ")
```

"java:comp/env/" 这个前缀是 Java 的语法要求，必须要写上，其后才是在 context.xml 文件中 <Resource> 元素的 name 属性的值，也就是数据源的名称。

示例 11

配置数据源，编写程序获取数据源。

关键代码：

```
// 获取数据库连接
public Connection getConnection2() {
        try {
            // 初始化上下文
            Context cxt=new InitialContext();
            // 获取与逻辑名相关联的数据源对象
            DataSource ds=(DataSource)cxt.lookup("java:comp/env/jdbc/news");
            conn=ds.getConnection();
        } catch (NamingException e) {
            e.printStackTrace();
        } catch (SQLException e) {
            e.printStackTrace();
        }
        return conn;
}
```

在示例 11 中，Context 对象的实例调用 lookup() 方法来获取数据源，数据源是 DataSource 类型，所以需要进行类型转换。

注意

读取数据源获取数据库连接时，首先要确保 Tomcat 服务器已经启动，其次确保读取数据源的代码运行在 Tomcat 中。

4. 调用数据源得到连接

在应用程序中调用数据源获取连接的代码很简单，只需要实例化获取数据源方法的所在类，然后调用获取数据源的方法就可以得到一个 Connection 对象。

示例 12

在 JSP 中编写代码，实现数据源调用，获得访问连接。

关键代码：

```
……
<%
  BaseDao baseDao=new BaseDao();
  Connection conn=baseDao.getConnection2();
%>
<%=conn %>
……
```

运行效果如图 2.4 所示。

图 2.4　使用 JNDI 访问数据源

任务 3　在 JSP 页面中展示新闻列表

关键步骤如下。

- 使用 JavaBean 封装数据。
- 使用 JavaBean 封装业务。
- 使用 JSP 显示数据列表。
- 使用 JSP 标签实现 JavaBean 属性的读取设置。

2.3.1　JavaBean 与组件开发

1．JavaBean 概述

JavaBean 是用 Java 开发的可以跨平台的可重用组件，在 Web 程序中常用来封装业务逻辑和进行数据库操作。在程序开发中，程序员们所要处理的无非是业务逻辑和数据，而这两种操作都要用到 JavaBean，因此 JavaBean 很重要。

JavaBean 实际上就是一个 Java 类，这个类可以重用。JavaBean 从功能上可以分为以下两类。

- 封装数据。
- 封装业务。

JavaBean 一般情况下应满足以下要求。

- 是一个公有类，并提供无参的公有的构造方法。
- 属性私有。
- 具有公有的 getter 和 setter 方法。

符合上述条件的类，我们都可以把它看成 JavaBean 组件。

2. JavaBean 的应用

（1）用 JavaBean 封装数据

使用 JavaBean 封装数据，实际上就是将数据库中某一张表的字段进行封装，因此用 JavaBean 封装数据时，每一个属性都要与数据表中的字段一一对应。为了方便对 JavaBean 中的属性进行操作，分别设置了 setXxx() 方法和 getXxx() 方法来实现对属性的赋值与读取。

示例 13

使用 JavaBean 封装新闻信息。

```
// 新闻信息的 JavaBean
public class News {
  // 新闻属性
  private int id;
  private int categoryId;
  ……
  //setter 以及 getter 方法
  public int getId() {
     return id;
  }
  public void setId(int id) {
     this.id = id;
  }
  public int getCategoryId() {
     return categoryId;
  }
  public void setCategoryId(int categoryId) {
     this.categoryId = categoryId;
  }
  ……
}
```

（2）用 JavaBean 封装业务

相对于一个封装数据的 JavaBean，一般都会有一个封装该类的业务逻辑和操作的 JavaBean 与之对应。实际上在之前的代码中已经实现了使用 JavaBean 封装业务逻辑，如 BaseDao 类、NewsDao 接口及 NewsDaoImpl 接口实现类。

示例 14

使用 JavaBean 封装业务操作。

```
public interface NewsDao {
  // 查询新闻信息
  public List<News> getNewsList();
  // 增加新闻信息
  public boolean add(News news) ;
  // 删除新闻信息
  public boolean delete(int id) ;
  // 修改新闻
  public boolean update(News news) ;
}

public class NewsDaoImpl extends BaseDao implements NewsDao {
  // 查询新闻信息
  public List<News> getNewsList(){
     List<News> newList=new ArrayList<News>();
     try {
          // 执行 SQL 语句
          String sql="select * from news_detail";
          Object[] params={};
          ResultSet rs=this.executeSQL(sql, params);
          // 处理执行结果
          while(rs.next()){
             int id=rs.getInt("id");
             // 读取结果集数据
             // 封装成新闻信息对象
             News news=new News();
             news.setId(id);
             news.setTitle(title);
             news.setSummary(summary);
             news.setContent(content);
             news.setAuthor(author);
             news.setCreateDate(time);
             // 将新闻对象放进集合中
             newList.add(news);
          }
       }
    // 异常处理和释放资源
    return newList;
  }
```

在实际开发中通常还会创建一个 Service 层，用于存放与业务逻辑相关的操作。Service 层中的接口和类对 Dao 类的方法实现了封装和调用。

示例 15

编写 NewsService 接口及实现类。

```
public interface NewsService {
    // 更新选择的新闻
    public boolean updateNews(News news);
    // 添加新闻
    public boolean addNews(News news);
    // 删除新闻
    public boolean deleteNews(int id);
    // 查询新闻信息
    public List<News> getNewsList();
}

public class NewsServiceImpl implements NewsService {
    private NewsDao newsDao;
    public NewsDao getNewsDao() {
        return newsDao;
    }
    public void setNewsDao(NewsDao newsDao) {
        this.newsDao = newsDao;
    }
    public boolean updateNews(News news) {
        return newsDao.update(news);
    }
    public boolean addNews(News news) {
        return newsDao.add(news);
    }
    public boolean deleteNews(int id) {
        return newsDao.delete(id);
    }
    public List<News> getNewsList() {
        return newsDao.getNewsList();
    }
}
```

在示例 15 中，NewsServiceImpl 类实现了 NewsService 接口，在实现方法中，不难发现对于新闻的增、删、改、查操作仅仅是调用 NewsDao 接口中的方法，而具体的增、删、改、查是如何实现的，在 Service 中并不重要。这也符合程序代码间低耦合的设计要求。

编写 Service 最大的作用就是将业务逻辑和数据操作分离，就是说不管数据增、删、改、查做了怎样的改动，在 Service 中控制程序执行时都不会受到影响，这也是 Service 存在的意义。

3. 使用 JSP 脚本显示新闻列表

到目前为止，我们已经完成了对于新闻信息的增、删、改、查的代码编写，下面需要做的就是将新闻信息数据显示在 JSP 中。实现方式很简单，就是在 JSP 中使用脚本方式调用已经写好的后台代码。

示例 16

使用 JSP 脚本输出显示新闻列表。

分析如下。

实现新闻列表显示，首先要清楚列表显示的实质就是使用表格显示数据，表格的行数对应数据库中新闻信息的记录数，而表格的列则与一条记录中的字段相对应，显示该字段的内容。其次要理解新闻信息的数据是从数据库中查询得到的，表格的行数应该动态循环添加，与查询结果的总数相同。

关键代码：

```
<tbody>
<%
  NewsServiceImpl newsService=new NewsServiceImpl();
  NewsDao newsDao=new NewsDaoImpl();
  newsService.setNewsDao(newsDao);
  List<News> newsList=newsService.getNewsList();
  // 新闻行数
  int i=0;
  for(News news:newsList){
      i++;
%>
      // 判断行数是否为偶数，实现隔行变色显示
      <tr <% if(i%2==0){%>class="admin-list-td-h2"<%} %>>
          <td><a href='adminNewsView.jsp?id=3'><%=news.getTitle() %></a>
</td>
          <td><%=news.getAuthor() %></td>
          <td><%=news.getCreateDate() %></td>
          <td><a href='adminNewsCreate.jsp?id=3'> 修改 </a>
              <a href="javascript:if(confirm(' 确认是否删除此新闻？ '))
                  location='adminNewsDel.jsp?id=3'"> 删除 </a>
          </td>
     </tr>
<%  } %>
</tbody>
```

至此，已经基本实现了任务 3 要求的对新闻信息的显示。但是仔细观察代码不难发现，在页面中使用 JSP 脚本与 HTML 标签的混合方式，使得代码构成很乱，不易读，更不易维护。

其实在 JSP 中还提供了一种方式，就是使用 JSP 标签来优化页面显示，下面就来学习使用 JSP 标签。

2.3.2 使用 JSP 动作标签操作 JavaBean

JSP 动作标签是在 JSP 中已经定义好的动作指令，这些指令实现了最常用的基本功能。通过动作标签，开发人员可以在 JSP 中把页面的显示功能部分封装起来，使整个代码更简洁、更易于维护。

1. **创建 JavaBean 标签 <jsp:useBean>**

<jsp:useBean> 标签的作用就是在 JSP 中创建一个 JavaBean 的实例，并指定它的名称和作用范围。<jsp:useBean> 标签的语法如下：

```
<jsp:useBean id="name" class="package.class" scope="scope"/>
```

- id：表示创建的 JavaBean 的名称，这个名称可以不与 Java 类名相同。
- class：表示创建的 JavaBean 名称所引用或者指向的 JavaBean 类的完整限定名。
- scope：表示这个 JavaBean 的作用范围以及 id 名称的有效范围，总共有 4 个范围，分别是 page（默认值）、request、session 和 application。

在 JSP 中编写代码：

```
<jsp:useBean id="newsService" class="com.kgc.news.service.impl.NewsServiceImpl"scope="page"/>
<jsp:useBean id="newsDao" class="com.kgc.news.dao.impl.NewsDaoImpl" scope= "page"/>
```

等同于如下代码。

```
NewsServiceImpl newsService=new NewsServiceImpl();
NewsDao newsDao=new NewsDaoImpl();
pageContext.setAttribute("newsService",newsService);
pageContext.setAttribute("newsDao", newsDao);
```

2. **设置 JavaBean 属性 <jsp:setProperty>**

在 JSP 中使用 <jsp:useBean> 标签创建 JavaBean 后，就可以对 JavaBean 中的属性进行设置。设置 JavaBean 属性的标签就是 <jsp:setProperty>。<jsp:setProperty> 标签的语法如下。

```
<jsp:setProperty name="BeanName" property="name" value="value"/>
```

- name：表示被赋值的对象（JavaBean）名称。
- property：表示被赋值对象中，需要进行赋值操作的属性名称。
- value：表示需要给被赋值属性所赋的值。

在 JSP 中编写代码。

```
<jsp:useBean id="newsService" class="com.kgc.news.service.impl.NewsServiceImpl" scope="page"/>
<jsp:useBean id="newsDao" class="com.kgc.news.dao.impl.NewsDaoImpl" scope="page"/>
<jsp:setProperty property="newsDao" name="newsService" value="<%= newsDao %>"/>
```

等同于如下代码。

```
<%
NewsServiceImpl newsService=new NewsServiceImpl();
```

```
NewsDao newsDao=new NewsDaoImpl();
newsService.setNewsDao(newsDao);
%>
```

至此，我们已经使用了 JSP 标签来代替 JSP 脚本实现新闻信息的列表显示，运行页面的效果与图 2.1 所示的效果是相同的。

扩充知识

JSP 标签既然可以实现对 JavaBean 属性的设置，当然也可以实现对 JavaBean 属性的获取，可以将 <jsp:getProperty> 标签与 <jsp:setProperty> 标签结合使用。这部分内容属于自学内容。

3. 获取 JavaBean 的属性 <jsp:getProperty>

<jsp:getProperty> 的作用很简单，就是获取 JavaBean 的属性值，用于在页面中显示。<jsp:getProperty> 标签的语法如下：

```
<jsp:getProperty name="BeanName" property="PropertyName"/>
```

- name：useBean 中使用的 JavaBean 的 id。
- property：指定要获取 JavaBean 的属性名称。

示例 17

编写一个 JSP，使用 JSP 标签对 News 类的 title 属性进行赋值，并读取显示。

关键代码：

```
<jsp:useBean id="news" class="com.kgc.news.entity.News" scope="page"/>
<jsp:setProperty name=" news" property="title" value=" 中国首艘航母交付使用 "/>
<jsp:getProperty name= "news" property="title"/>
```

运行效果如图 2.5 所示。

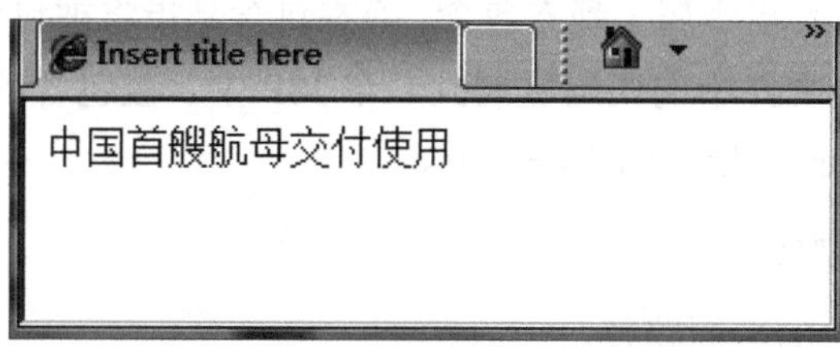

图 2.5 获取 JavaBean 的属性

本任务运行效果如图 2.6 所示。

图 2.6　显示新闻信息列表

任务 4　通过 JSP 页面添加新闻信息

关键步骤如下。

- 在 JSP 中实现页面包含。
- 获取 JSP 提交的信息。
- 访问数据库并实现信息的增加。
- 根据数据库执行结果实现页面跳转。

2.4.1　JSP 页面的包含操作

在 JSP 中实现页面包含的方式有两种，一种是使用 <%@include%> 指令，另一种是使用 <jsp:include/> 标签。虽然都是实现页面包含，但是二者在使用时存在一些区别。

1. **使用 include 指令实现静态包含**

使用 <%@include%> 指令属于静态包含，静态包含是指将被包含的文件插入 JSP 中，简单地说就是将另一个文件中的代码复制到一个 JSP 中。被包含的文件代码将会在 JSP 中被执行。<%@include%> 指令的语法如下。

```
<%@include file="URL" %>
```

file：表示需要包含的页面路径。

例如：

```
<%@include file="common/common.jsp" %>
```

将 common 目录下的 common.jsp 文件包含到当前页面中。

2. **使用 JSP 标签实现动态包含**

<jsp:include/> 标签实现的是动态包含页面，允许包含一个静态或者动态的文件。<jsp:include/> 在实现页面包含时，采用的是先执行被包含页面的代码，然后将结果包含

到当前页面中的包含方式。<jsp:include/> 动态包含的特点如下。

- 当包含文件为静态文件时，效果等同于 <%@include%> 指令。
- 当包含文件为动态文件时，被包含文件也会被 JSP 编译器执行。

<jsp:include/> 标签的语法如下。

```
<jsp:include page="URL" />
```

page：表示需要包含的页面路径。

示例 18

使用 <jsp:include/> 标签制作 admin.jsp 页面。运行效果如图 2.7 所示。

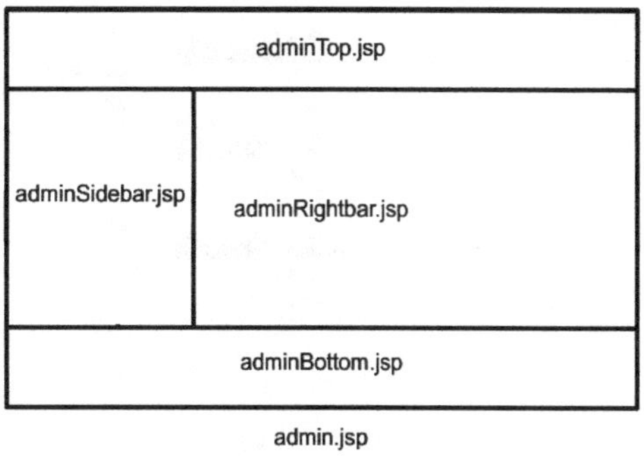

图 2.7　使用 <jsp:include> 标签实现页面包含

分析如下。

从图 2.7 中可以看出，admin.jsp 页面分为四个部分，只需要在相应的位置将对应的 JSP 文件包含进来就可以了。

关键代码：

```
<!-- 页面顶部 -->
<jsp:include page="adminTop.jsp" />
<!-- 页面中部 -->
<div id="content" class="main-content clearfix">
   <jsp:include page="adminSidebar.jsp"/>
   <jsp:include page="adminRightbar.jsp"/>
</div>
<!-- 页面底部 -->
<jsp:include page="adminBottom.jsp"/>
```

3. ***动态包含与静态包含的区别***

动态包含 <jsp:include> 与静态包含 <%@include%> 都可以实现在当前 JSP 页面中插入另一个文件，当然这个文件不仅限于 JSP 文件，还可以是 HTML 文件或者文本文件。动态包含与静态包含的比较说明如表 2-2 所示。

表2-2　静态包含与动态包含的比较

静态包含	动态包含
<%@include file="url"%>	<jsp:include page="url" />
先将页面包含，后执行页面代码，即将一个页面的代码复制到另一个页面中	先执行页面代码，后将页面包含，即将一个页面的运行结果包含到另一个页面中
被包含的页面内容发生变化时，包含页面将会被重新编译	被包含页面内容发生变化时，包含页面不会重新编译

2.4.2　JSP 转发实现页面跳转

<jsp:forward/> 标签的实质与 request.getRequestDispatcher(URL).forward(request, response) 语句相同，用于实现页面的跳转。

<jsp:forward/> 标签的语法如下：

```
<jsp:forward page="URL" />
```

page：需要跳转的页面路径。

本任务的运行效果如图 2.8 所示。

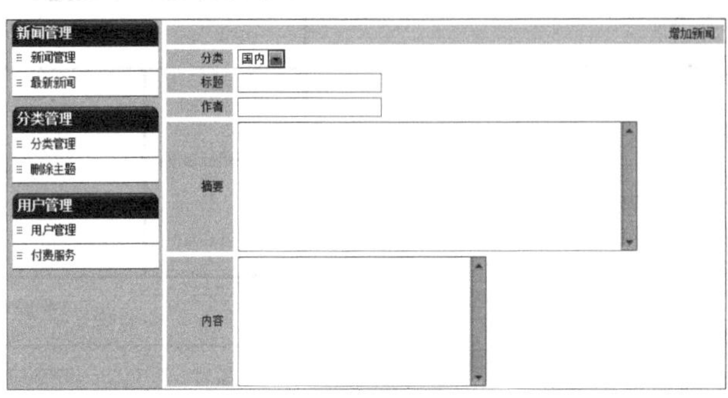

图 2.8　新闻信息添加

本章总结

本章学习了以下知识点。

- JDBC 的概念。
- 使用 JDBC 访问数据库。
- 数据源与连接池。
- JavaBean 的概念。
- JavaBean 的应用。
- JSP 标签
  - <jsp:useBean/>
  - <jsp:setProperty/>
  - <jsp:getProperty/>
  - <jsp:include/>
  - <jsp:forward/>
- 静态包含与动态包含。

本章练习

1．使用数据库，创建用户登录信息表，表中包含用户名和密码两个字段，输入若干条测试数据，然后编写代码实现数据库访问，在控制台输出所有记录信息。

2．在作业 1 的基础上进行修改，使用配置文件实现数据库访问。

3．在作业 2 的基础上进行修改，配置数据源和连接池，使用 JNDI 实现数据库访问。

4．在作业 3 的基础上，使用 JavaBean 封装数据，编写 Service 来控制逻辑，实现在 JSP 中显示查询数据。

第 3 章

使用第三方控件及数据分页展示

技能目标

- ❖ 会使用 commons-fileupload 上传文件
- ❖ 会使用 CKEditor 编辑文本
- ❖ 掌握数据分页显示
- ❖ 会使用 CallableStatement 调用存储过程

本章任务

学习本章，需要完成以下 4 个工作任务。请记录学习过程中遇到的问题，可以通过自己的努力或访问 kgc.cn 解决。

任务 1：实现新闻配图

在添加新闻的同时，实现图片的上传。

任务 2：实现对新闻的富文本编辑

通过调用第三方控件，实现所见即所得的可视化新闻编辑。

任务 3：实现分页查询新闻信息

实现新闻信息的分页查询，并能够在控制台中以每次两条数据，显示新闻内容。

任务 4：在 JSP 中实现分页显示新闻信息

在任务 3 的基础上，将查询到的信息在页面中以分页形式显示。

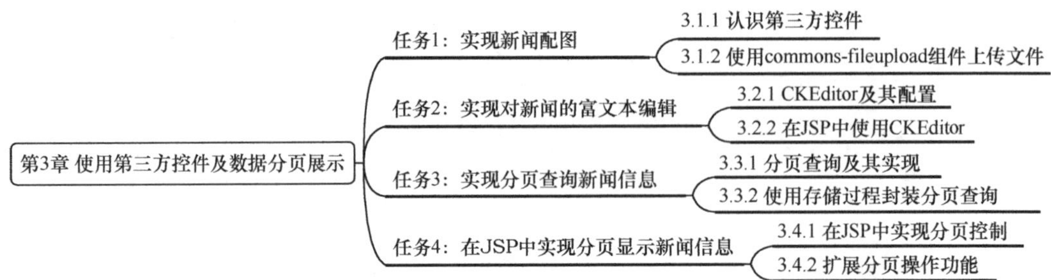

任务 1 实现新闻配图

关键步骤如下。

- 获取 commons-fileupload 组件。
- 配置 commons-fileupload 组件。
- 编码实现文件上传。

3.1.1 认识第三方控件

在进行项目开发时，很多功能需要编写大量的代码，业务逻辑复杂，实现相对困难。在以前，这些功能只能由程序员编码完成，但是有了第三方控件，实现功能就相对简单了。什么是第三方控件？如何在项目中使用第三方控件？请带着这些问题来学习下面的内容。

1. **第三方控件简介**

第三方控件又被称为第三方组件，本书将统一采用第三方组件方式进行后续的描述。第三方组件不是软件本身就具有和提供的功能，而是由一个新的组织或者个人开发出来的功能软件。

使用第三方组件，程序员可以避免大量编码，减少开发工作量及由于逻辑或算法造成的程序异常，从而降低开发成本，提高开发效率。第三方组件也存在缺点，由于第三方组件是第三方组织或者个人提供的，在开发时提供的版本可能会出现 Bug。一旦出现 Bug，在解决时就相当麻烦。

2. **commons-fileupload 组件与 API**

虽然使用第三方组件可能会出现 Bug，但其优势还是非常明显的，而且有很多非常实用的组件已被广泛应用到各种项目中。其中，commons-fileupload 组件是由 Apache 开发的一个应用于文件上传的组件，其特点就是使用方便、简单。该组件涉及的 API 介绍如下。

（1）FileItem 接口

FileItem 是一个接口，在该接口中定义了用于处理表单内容以及文件内容的方法。在应用过程中，每一个表单中的单个字段元素，都会被封装成一个 FileItem 类型的对象，通过调用 FileItem 对象的相关方法可以得到相关表单字段元素的数据。在应用程序中，可以直接用 FileItem 接口进行访问。

FileItem 接口的常用方法如表 3-1 所示。

表3-1　FileItem接口的常用方法

方　法	返回类型	说　明
getFieldName()	String	返回表单字段元素的 name 属性值
isFormField()	boolean	判断 FileItem 封装的数据是属于普通表单字段还是文件表单字段，普通表单字段返回 true，文件表单字段返回 false
getName()	String	返回上传文件字段中的文件名，文件名通常是不含路径信息的，取决于浏览器实现
write(File file)	void	将 FileItem 对象中的内容保存到指定文件中
getString(String encoding)	String	按照指定的编码格式将内容转换成字符串返回

提示

FileItem 接口的其他方法请参考 API 文档进行学习。

（2）FileItemFactory 接口与 DiskFileItemFactory 类

FileItemFactory 是一个接口，是用于构建 FileItem 实例的工厂。

DiskFileItemFactory 类是 FileItemFactory 接口的实现类，在使用过程中，可以使用 DiskFileItemFactory 类构造一个 FileItemFactory 接口类型的实例，语法格式如下。

```
FileItemFactory factory = new DiskFileItemFactory();
```

（3）ServletFileUpload 类

ServletFileUpload 类是 Apache 文件上传组件中用于处理文件上传的一个核心类。它的作用是以 List 形式返回每一个被封装成 FileItem 类型的表单元素集合。

ServletFileUpload 类的构造语法如下。

```
public  ServletFileUpload(FileItemFactory fileitemfactory)
```

ServletFileUpload 类的常用方法如表 3-2 所示。

表3-2　ServletFileUpload类的常用方法

方　法	返回类型	说　明
isMultipartContent(HttpServletRequest request)	boolean	静态方法，用于判断请求数据中的内容是否是 multipart/form-data 类型，是返回 true，否返回 false
parseRequest(HttpServletRequest reqeust)	List	将请求数据中的每一个字段单独封装成 FileItem 对象，并以集合方式返回

提示

ServletFileUpload 类的其他方法请参考 API 文档进行学习。

3.1.2 使用 commons-fileupload 组件上传文件

1. 准备工作

使用 commons-fileupload 组件实现文件上传前的准备工作包括以下几个环节。

（1）获取组件：使用 commons-fileupload 组件需要获取两个必要的 jar 包，分别是 commons-fileupload-1.2.2.jar 和 commons-io-2.4.jar。下载地址分别是 http://commons.apache.org/fileupload/download_fileupload.cgi 和 http://commons.apache.org/io/download_io.cgi。下载完毕后，可以通过相关的 API 文档查看类、接口及方法的说明。页面效果如图 3.1 所示。

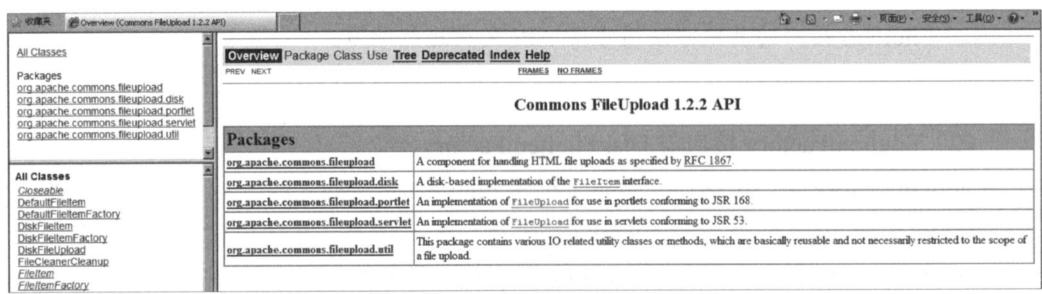

图 3.1　commons-fileupload 组件相关 API 文档

（2）将解压后得到的两个 jar 文件复制到项目中的 WEB-INF/lib 目录下，并导入到项目中。

（3）修改新闻添加页面。

➢ 修改表单：在 <form> 标签中修改并添加如下代码。

```
method="post" enctype="multipart/form-data"
```

其中，enctype="multipart/form-data" 明确表单提交时采用二进制进行数据传输，简单地说就是表单提交时以多部分内容进行提交，可能是普通表单，也可能是包含文件的表单。

➢ 设置上传文件的标签。

```
<input type="file" name="picPath" value=""/>
```

（4）在表单提交的处理页面将实现文件上传所需的包导入。

```
<%@page import="java.io.*, java.util.*"%>
<%@page import="org.apache.commons.fileupload.disk.DiskFileItemFactory"%>
<%@page import="org.apache.commons.fileupload.servlet.ServletFileUpload"%>
<%@page import="org.apache.commons.fileupload.*"%>
```

2. 编码实现图片上传

通过对 commons-fileupload 组件 API 的了解，我们已经知道了文件上传需要使用到的类及常用方法，同时也完成了文件上传前的准备工作，下面将开始文件上传的编码工作。

（1）判断表单提交内容的形式。

由于表单提交时可能是普通表单提交，也可能在提交的表单中含有需要上传的文件，因此在获取表单时要对表单内容的形式进行判断。

注意

如果表单中未设置 enctype="multipart/form-data"，则无法实现文件上传，这一点在编码时要注意。

（2）创建文件上传所需的 API 实例。

在讲解上传组件 API 时，分别介绍了 3 种常用的类及方法。ServletFileUpload 类用来解析 request 请求，而 FileItemFactory 工厂类会对表单中的字段进行处理。因此，需要首先创建它们的实例。

（3）解析 request 请求，获取 FileItem 对象集合。

在 ServletFileUpload 实例创建好后，就可以使用其来解析 request 请求数据，获取已经被封装成 FileItem 对象的表单元素集合。

上述 3 个步骤归纳起来如示例 1 所示。

示例 1

编写代码实现对表单提交内容的判断，创建文件上传所需的 API 实例，并完成 request 请求解析。

关键代码：

```
……
// 读取 request 请求， 判断是否是多部分内容表单提交
boolean isMultipart = ServletFileUpload.isMultipartContent(request);
if (isMultipart == true) {
  // 创建 FileItemFactory 实例
  FileItemFactory factory = new DiskFileItemFactory();
  // 创建 ServletFileUpload 实例
  ServletFileUpload upload = new ServletFileUpload(factory);
  try {
        // 解析 request 请求中的数据
        List<FileItem> items = upload.parseRequest(request);
```

```
    }
  }
……
```

（4）循环遍历集合中的数据。

由于解析 request 返回的是数据字段的列表集合，因此还需要使用迭代方式进行集合的遍历。对于集合中的数据，一种类型是普通的表单元素，如文本框、下拉列表等，另一种可能是文件元素，所以还需要进行比较和判断。

示例 2

使用迭代器，对集合中的数据进行解析。

分析如下。

对于集合的解析，看似简单，但其中涉及一定的业务逻辑。具体体现在如下几个方面。

- 通过循环对集合进行遍历。
- 读取数据并转换成 FileItem 类型。
- 判断数据元素是属于普通表单元素，还是文件元素。
  - 如果是普通表单元素，则通过数据元素名称对应需要保存的字段，然后进行数据的保存。
  - 如果是文件元素，则需要获取上传文件的名称，并指定保存路径，调用 write() 方法，实现文件上传。

关键代码：

```
……
  // 创建迭代器， 进行集合遍历
  Iterator<FileItem> iter = items.iterator();
  while (iter.hasNext()) {
     // 读取数据元素
     FileItem item = (FileItem) iter.next();
     // 判断元素类型， true- 普通表单元素， false- 文件元素
     if (item.isFormField()){
         // 获取普通表单元素名称
         fieldName = item.getFieldName();
         // 判断元素名称与表单元素的对应关系
               if (fieldName.equals("title")){
                     news.setTitle(item.getString("UTF-8"));
               }else if(fieldName.equals("id")){
                     String id = item.getString();
               if (id != null && !id.equals("")){
                     news.setId(Integer.parseInt(id));
               }
         }
         ……
     }else{
```

```
            // 读取文件元素的名称
            String fileName = item.getName();
            if (fileName != null && !fileName.equals("")) {
            // 获取上传文件的名称，并通过名称创建一个新 File 实例
            File fullFile = new File(item.getName());
            // 从路径中提取文件名称，并构建一个新的 File 实例
            File saveFile = new File(uploadFilePath, fullFile.getName());
               // 写入文件，实现上传
               item.write(saveFile);
               uploadFileName = fullFile.getName();
               news.setPicPath(uploadFileName);
           }
       }
   }
……
```

图 3.2 所示是添加新闻图片后的展示效果。

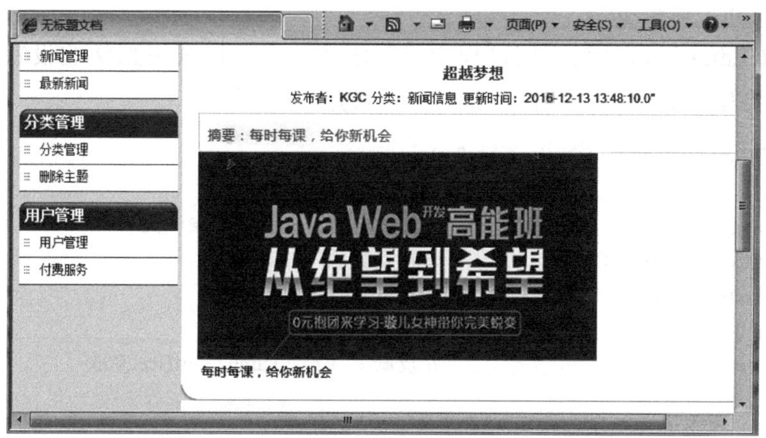

图 3.2　添加新闻图片

任务 2　实现对新闻的富文本编辑

关键步骤如下。

- ➢ 获取 CKEditor。
- ➢ 在项目中添加 CKEditor。
- ➢ 使用 CKEditor 编辑新闻内容。

3.2.1　CKEditor 及其配置

在任务 1 中介绍了实现文件上传的第三方组件 commons-fileupload，其实在进行

Web 开发过程中，还有很多优秀的第三方组件可以使用。例如，想要在 Web 页面中对文本进行操作，并实现类似 Microsoft Office Word 操作的功能，可以使用 CKEditor。下面就来介绍 CKEditor 的相关内容。

1. CKEditor 简介

CKEditor 是由 CKSource 公司开发的一款具有强大功能的在线文本编辑工具，利用该工具可以实现类似于 Word 的功能。CKEditor 基于 JavaScript 技术开发而成，因此在使用时无须进行客户端的安装，并且兼容目前主流的浏览器。

CKEditor 的前身是 FCKEditor，从 3.0 版本开始改称为 CKEditor。目前很多大型公司、社区都在使用 CKEditor 作为 Web 文本编辑的解决方式。

CKEditor 的特点如下。

- 功能强大：具备类似于 Word 的各种功能，如编写、粘贴、字体设置、制作表格等。
- 兼容性好：支持多种主流的浏览器，如 FireFox、Safari、IE6 以上版本等。
- 开源。

2. CKEditor 的配置

对于 CKEditor，可以在应用过程中进行配置，也可以采用默认的设置。CKEditor 的配置代码要写在 config.js 文件中。如下所示为配置示例。

```
CKEDITOR.editorConfig = function( config )
{
  config.language = 'zh-cn';                    // 配置语言， zh-cn 代表中文
  config.uiColor = '#AADC6E';                   // 背景颜色
  config.width = 'auto';                        // 宽度
  config.height = '300px';                      // 高度
  config.skin = 'office2003';                   // 皮肤： v2， kama， office2003
};
```

3. CKEditor 的目录

CKEditor 主要包含有如下几个文件夹。

- lang 文件夹存放多国语言文件。
- _samples 文件夹存放官方提供的 Demo。
- skins 文件夹存放 CKEditor 皮肤。

3.2.2 在 JSP 中使用 CKEditor

通过官网下载得到 CKEditor 后，就可以将其添加到项目中，使用 CKEditor 包括以下 5 个步骤。

（1）获取 CKEditor。要想使用 CKEditor，可以从 CKSource 公司的官方网站（https://ckeditor.com/download）进行获取。

（2）添加 CKEditor 到项目中。

（3）在页面中引入 CKEditor，需在页面中添加如下代码。

```
<script type="text/javascript" src="<%=request.getContextPath() %>/ckeditor/ckeditor.js"></script>
```

（4）修改页面中 <textarea> 标签属性，添加 class="ckeditor"。

（5）对新闻进行编辑。

本任务实现的可视化的新闻编辑效果如图 3.3 所示。

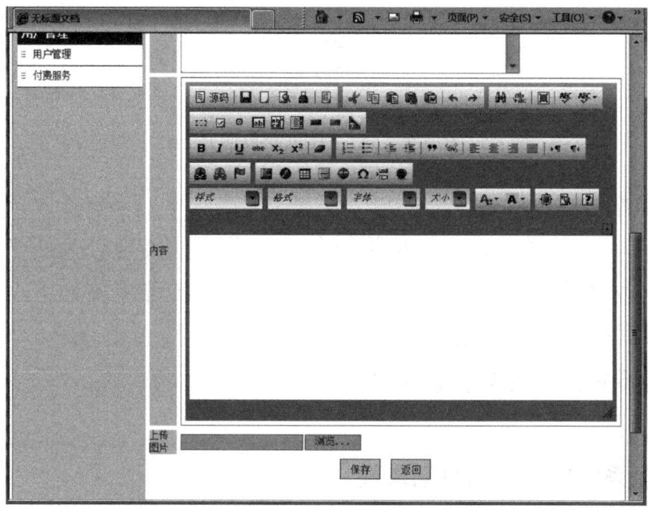

图 3.3　可视化的新闻编辑

任务 3　实现分页查询新闻信息

关键步骤如下。

- 正确编写分页查询 SQL。
- 编写存储过程实现分页查询。
- 在程序中调用存储过程。

3.3.1　分页查询及其实现

1. 生活中的分页

在进行网页浏览时，很多情况下都可以看到分页显示的应用，如网上购物时的商品展示；查看电子邮箱时的电子邮件列表，如图 3.4 所示。

使用分页最大的优势在于。

- 数据清晰直观
- 页面不再冗长
- 不受数据量的限制
- 降低数据库服务器查询压力

图 3.4　生活中的分页应用

2. 数据分页查询

分页如何实现呢？其实，在实际应用过程中，分页的实现分为两个部分，首先是数据分页查询，其次才是数据分页显示。数据分页查询的实现步骤如下。

（1）确定每页显示的数据数量。

（2）确定需要显示的数据总数量。

示例 3

查询新闻信息系统中新闻的总记录数。

关键代码：

```
……
    // 编写查询新闻总数量的 SQL 语句
    String sql="select count(*) from news_detail";
    // 通过 JDBC 执行 SQL 语句
    Object[] params={};
    ResultSet rs=this.executeSQL(sql, params);
    ……
    // 获取总记录数
    totalCount=rs.getInt(1);
……
```

（3）计算显示的页数。

示例 4

根据新闻信息系统新闻总记录数，计算所需的总页数。

关键代码：

```
……
    // 总页数
    private int totalPageCount=1;
    // 页面大小， 即每页显示记录数
    private int pageSize=0;
    // 记录总数
    private int recordCount=0;
```

```
    ......
    // 设置总页数
    private void setTotalPageCountByRs(){
      if(this.recordCount%this.pageSize==0)
        this.totalPageCount=this.recordCount/this.pageSize;
      else if(this.recordCount%this.pageSize>0)
        this.totalPageCount=this.recordCount/this.pageSize+1;
      else
        this.totalPageCount=0;
    }
......
```

了解具体实现请扫描二维码。

（4）编写分页查询 SQL 语句。

```
// 占位符位置分别为： (pageNo - 1) * pageSize 和 pageSize
String sql="SELECT id,title,author,createDate FROM news_detail ORDER BY createDate DESC LIMIT
?,?";
```

（5）实现分页查询。

示例 5

编码实现新闻信息的分页查询。

关键代码：

```
......
    List<News> newsList=new ArrayList<News>();
    // 编写分页查询 SQL 语句
    String sql="......";
    Page page=new Page();
    page.setCurrPageNo(pageNo);// 设置当前页码
    page.setPageSize(pageSize);// 每页显示记录数
    // 执行分页查询
......
```

至此，分页查询的任务就基本完成。

3. 分页查询小结

请注意实现数据分页查询过程中的如下几个关键点。

（1）计算总页数。

- 如果总记录数能够被每页显示记录数整除，那么：

  总页数 = 总记录数 / 每页显示记录数

- 如果总记录数不能够被每页显示记录数整除，那么：

  总页数 = 总记录数 / 每页显示记录数 +1

（2）计算分页查询时的起始记录数。

起始记录的下标 = (当前页码 -1) × 每页显示的记录数

3.3.2 使用存储过程封装分页查询

实现分页查询，有时可能会将数据分页查询的 SQL 语句编写成存储过程，这样就需要在程序中对存储过程进行调用，这就涉及 CallableStatement 接口的使用。

1. CallableStatement 接口概述

CallableStatement 接口继承自 PreparedStatement 接口。使用 CallableStatement 接口可以实现对存储过程的调用，而 CallableStatement 接口的常用方法如表 3-3 所示。

表3-3 CallableStatement接口的常用方法

方 法	返回类型	说 明
execute()	boolean	执行 SQL 语句，如果第一个结果是 ResultSet 对象，则返回 true；如果第一个结果是更新计数或者没有结果，则返回 false
registerOutParameter(int parameter Index, int sqlType)	void	按参数的顺序位置 parameterIndex 将 OUT 参数注册为 JDBC 类型 sqlType，sqlType 为 Types 类中的常量
getType(int parameterIndex)	Type	根据参数的序号获取指定的 JDBC 参数的值

使用 CallableStatement 接口调用存储过程的语法如下。

```
{call <procedure-name>[(<arg1>,<arg2>, …)]}
```

- procedure-name：存储过程名称。
- arg：参数，多个参数之间以逗号分隔。

2. CallableStatement 接口的应用

使用 CallableStatement 接口调用存储过程的步骤如下。

1）修改程序执行的 SQL 语句。

2）执行存储过程。

3）对参数的类型进行设置。

任务 4 在 JSP 中实现分页显示新闻信息

关键步骤如下。

- 确定当前页。
- 确定上页和下页。
- 确定首页和末页。

3.4.1 在 JSP 中实现分页控制

1. 分页显示的实现关键点

在 JSP 中实现分页显示，首先需要明确如下几个关键点。

- 当前页的确定。
- 上一页与下一页设置。
- 首页与末页的设置。
- 分页时的异常处理。

2. 分页显示的实现步骤

实现数据分页显示，需要执行以下几个步骤。

（1）确定当前页。需要设置一个 pageIndex 变量来表示当前页的页码，如果这个变量不存在，则默认当前页为第 1 页，否则当前页为 pageIndex 变量的值。

示例 6

获取当前页面的页码。

关键代码：

```
……
<%
  // 获得当前页数
  String currentPage = request.getParameter("pageIndex");
  if(currentPage == null){
      currentPage = "1";
  }
  int pageIndex = Integer.parseInt(currentPage);
%>
……
```

（2）页面的分页设置。有了当前页，就可以通过当前页页码来确定首页、上一页、下一页以及末页的页码。注意在设置分页时，需要将对应的页码作为 pageIndex 的值进行传递，以便刷新页面后获取到新的数据。

示例 7

获取页面上的分页设置。

关键代码：

```
……
  <a href="newsDetailList.jsp?pageIndex=1"> 首页 </a> 
  <a href="newsDetailList.jsp?pageIndex=<%= pageIndex -1%>"> 上一页 </a>
  <a href="newsDetailList.jsp?pageIndex=<%= pageIndex +1%>"> 下一页 </a>
  <a href="newsDetailList.jsp?pageIndex=<%= totalpage%>"> 末页 </a>
……
```

提示

总页数以变量 totalpage 来表示，可以通过调用任务 3 中已经完成的获取总页数的方法获得。

（3）首页与末页的异常处理。如果当前页已经是第一页或者是最后一页，那么当用户单击“上一页”或“下一页”操作时，页面该如何显示？很明显，当前页的页码不能小于 1，而下一页的页码也不能大于最末页，所以还要对可能出现的异常进行处理。

示例 8

对首页和末页的异常处理。

关键代码：

```
……
<%
  // 如果当前页码小于 1，  则设置为首页
  if(pageIndex<1){
      pageIndex=1;
  }else if(pageIndex>totalPage){
      // 如果当前页大于总页数，  则设置为末页
      pageIndex=totalPage;
  }
%>
……
```

异常处理

了解具体实现请扫描二维码。

3.4.2 扩展分页操作功能

在日常生活中，分页的显示有多种形式，每种分页显示都有其各自的特点。下面就对已经完成的新闻信息分页显示功能进行升级，实现通过 GO 按钮达到分页显示的目的。

使用 GO 按钮实现分页显示，简单地说，就是通过直接输入数字实现分页显示的功能，这需要借助 JavaScript 脚本来协助完成。具体的实现思路如下。

- 使用文本框输入需要显示的页码。
- 在 JavaScript 中获取用户输入的页码。
- 使用隐藏域保存页码。

使用按钮提交表单，可使用隐藏域进行页码保存。隐藏域是表单元素之一，使用该元素可以保存数据，但又不会在页面中显示。

- 使用 JavaScript 脚本提交表单。
- 修改页面分页设置，调用 JavaScript 脚本实现页面跳转。

使用 GO 按钮实现新闻分页查询的过程非常简单，这里不再赘述。

本任务实现的新闻信息分页显示效果如图 3.5 所示。

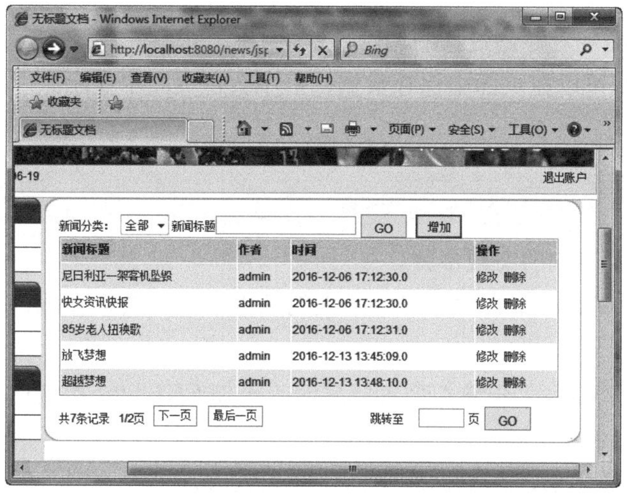

图 3.5　新闻信息分页显示

本章总结

本章学习了以下知识点。

➢ 第三方组件是由第三方组织或个人开发而成的一套功能软件。

◆ commons-fileupload 组件。

◆ CKEditor 组件。

➢ 使用分页的最大优势

◆ 数据清晰直观。

◆ 页面不再冗长。

◆ 不受数据量的限制。

➢ 分页查询的实现步骤

◆ 确定每页显示的记录数。

◆ 查询总记录数，并计算总页数。

◆ 编写分页查询 SQL 语句。

◆ 实现分页查询。

➢ 计算分页的总页数

◆ 如果总记录数能够被每页显示记录数整除，总页数＝总记录数 / 每页显示记录数。

◆ 如果总记录数不能被每页显示记录数整除，总页数＝总记录数 / 每页显示记录数 +1。

➢ 计算分页查询时的起始记录数

◆ 起始记录的下标 =（当前页码 -1）× 每页显示的记录数。

➢ CallableStatement 接口继承自 PreparedStatement 接口。使用 CallableStatement

接口可以实现对存储过程的调用。

- 使用隐藏域可以在页面中保存数据，但不会在页面中显示。

本章练习

1．请简述分页查询的实现步骤。

2．编写一个 Web 应用程序，显示个人的档案信息，要求在输入个人信息时能够实现图片上传。

3．在作业 2 基础上，在输入个人信息时，添加 CKEditor 实现信息内容的可视化编辑。

4．模拟个人通讯录，在数据库中创建联系人表，字段不限。编写代码实现从数据库中读取联系人并以分页方式显示的功能。

说明：作业 2、3、4 对显示格式不做明确要求，重点要求实现功能。

第 4 章

EL 和 JSTL

技能目标

❖ 掌握 EL 表达式的语法
❖ 掌握 EL 表达式的应用
❖ 掌握 JSTL 的语法
❖ 掌握 JSTL 的应用

本章任务

学习本章，需要完成以下 2 个工作任务。记录学习过程中遇到的问题，可以通过自己的努力或访问 kgc.cn 解决。

任务 1：使用 EL 表达式简化信息展示

使用 EL 表达式优化新闻显示。

任务 2：使用 JSTL 实现列表展示

使用 JSTL 标签优化新闻列表的显示。

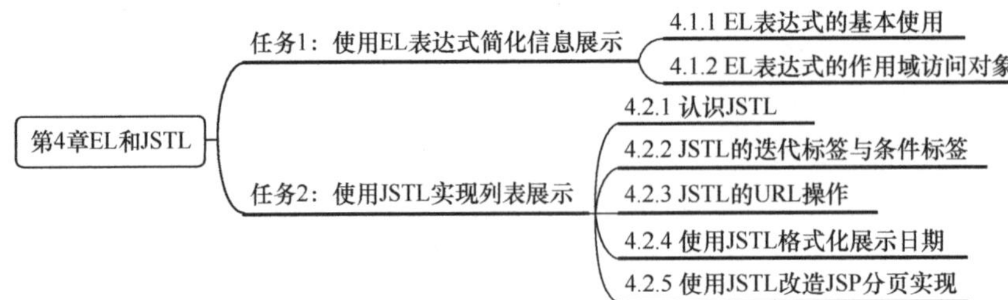

任务 1 使用 EL 表达式简化信息展示

关键步骤如下。

- 将数据保存在作用域中。
- 使用 EL 表达式访问数据。

4.1.1 EL 表达式的基本使用

1. JSP 脚本的缺点

使用 JSP 脚本可以实现页面输出显示，那为什么还需要使用 EL 简化输出呢？这是因为单纯使用 JSP 脚本与 HTML 标签混合，实现输出显示的方式存在一些弊端，归纳如下。

- 代码结构混乱，可读性差。
- 脚本与 HTML 标签混合，容易导致错误。
- 代码不易维护。

基于以上原因，可以使用 EL 对 JSP 输出进行优化。下面就来介绍 EL 表达式。

2. EL 表达式

（1）EL 表达式

EL 是 Expression Language 的缩写，它是一种借鉴了 JavaScript 和 XPath 的表达式语言。EL 定义了一系列的隐含对象和操作符，使开发人员能够很方便地访问页面内容，以及不同作用域内的对象，而无须在 JSP 中嵌入 Java 代码，从而使得页面结构更加清晰，代码可读性更高，也更加便于维护。

（2）EL 表达式的语法

EL 表达式语法非常简单。EL 表达式的语法如下。

```
${EL 表达式 }
```

语法结构中包含“$”符号和“{}”括号，二者缺一不可。

使用 EL 表达式也非常简单，如 ${username} 就可以实现访问变量 username 的值。

注意

使用 EL 表达式获取变量前，必须将操作的对象保存到作用域中。

此外，使用 EL 表达式还可以访问对象的属性，这就需要使用“.”操作符和“[]”操作符来完成。

➢ “.”操作符。

EL 表达式通常由对象和属性两部分组成。因此采用与 Java 代码一样的方式，用“.”操作符来访问对象的属性。

例如，${news.title} 可以访问 news 对象的 title 属性。

➢ “[]”操作符。

“[]”操作符的使用方法与“.”操作符类似，不仅可以用来访问对象的属性，还可以用于访问数组和集合。例如：

① 访问对象的属性：${news["title"]} 可以访问 news 对象的 title 属性。

② 访问数组：${newsList[0]} 可以访问 newsList 数组中的第一个元素。

示例 1

使用 EL 表达式访问变量、含有特殊字符的变量、集合。

关键代码：

```
……
<%
   String username = "admin";
   // 将变量添加到作用域中
   request.setAttribute("username", username);
   request.setAttribute("student.name", " 张三 ");
     ArrayList list = new ArrayList();
     list.add(" 北京洪水 ");
     list.add(" 热火夺冠 ");
     // 将集合添加到作用域中
     request.setAttribute("list", list);
%>
// 访问变量
${username } <br>
// 含有特殊字符的变量
${requestScope["student.name"] }<br>
// 访问集合
${list[1] }<br>
……
```

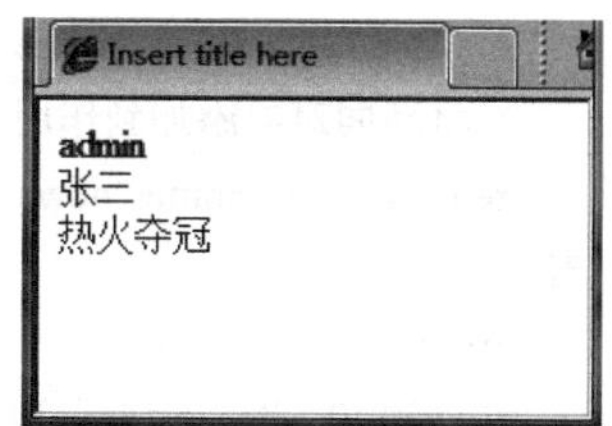

图 4.1　使用 EL 表达式输出

运行效果如图 4.1 所示。

提示

① 使用“[]”操作符访问数据时，必须在属性名两侧使用双引号。

② EL 表达式区分大小写。

③ 在使用 EL 表达式获取变量前，必须先将对象保存到作用域中。

3. EL 运算符

EL 表达式支持多种运算符，这些运算符的使用方法与 Java 运算符非常类似。另外，在 EL 表达式中，为了避免一些运算符在使用时与 HTML 页面标签发生冲突，会采用其他符号进行替代。

4. EL 的功能

对于 EL 的特点和作用，归纳总结如下。

- 可用于获取 JavaBean 的属性。
- 能够读取集合类型对象中的元素。
- 可使用运算符进行数据处理。
- 可屏蔽一些常见异常。
- 可自动实现类型转换。

了解 EL 表达式的特点请扫描二维码。

EL 概述

示例 2

使用 EL 表达式优化新闻显示。

实现步骤如下。

根据所学的 EL 表达式相关知识，实现新闻显示优化。

1）在 JSP 中获取新闻信息对应的新闻编号。

2）根据新闻编号查询新闻信息。

3）将返回的新闻信息对象添加到作用域中。

4）使用 EL 表达式实现数据访问。

关键代码：

```
<%
    // 获取需要查询的新闻编号
    String id = request.getParameter("id");
    // 根据新闻编号查询， 返回新闻信息对象
    News news = newsService.getNewsById(Integer.parseInt(id));
    // 将新闻对象添加到作用域中
    request.setAttribute("news", news);
%>
    ……
    // 使用 EL 表达式访问新闻数据
    <h1>${news["title"] }</h1>
```

运行效果如图 4.2 所示。

在使用 EL 表达式时，要求将对象添加到作用域中，下面就来学习如何使用 EL 表达式访问作用域。

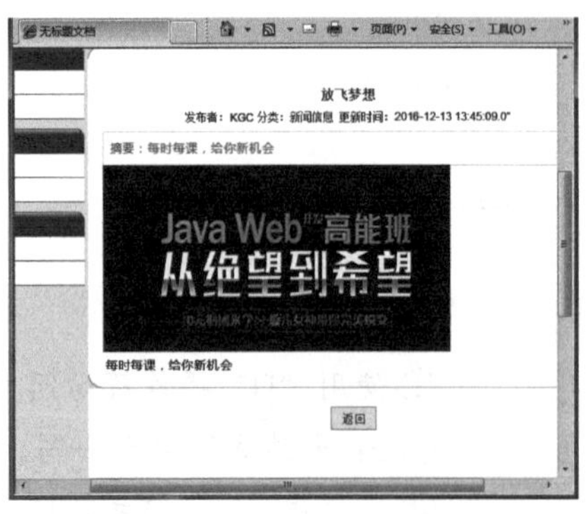

图 4.2　使用 EL 优化新闻显示

4.1.2 EL 表达式的作用域访问对象

JSP 提供了 4 种作用域，分别是 page、request、session 和 application。为了能够访问这 4 个作用域内的数据，EL 表达式也分别提供了 4 种作用域访问对象来实现数据的读取。这 4 个作用域访问对象的比较如表 4-1 所示。

表4-1　作用域访问对象的比较

名　称	说　明
pageScope	与页面作用域（page）中的属性相关联的 Map 类，主要用于获取页面范围内的属性值
requestScope	与请求作用域（request）中的属性相关联的 Map 类，主要用于获取请求范围内的属性值
sessionScope	与会话作用域（session）中的属性相关联的 Map 类，主要用于获取会话范围内的属性值
applicationScope	与应用程序作用域（application）中的属性相关联的 Map 类，主要用于获取应用程序范围内的属性值

当使用 EL 表达式访问某个属性值时，应当指定查找的范围。如果程序中未指定查找的范围，那么系统会自动按照 page → request → session → application 的顺序进行查找。

使用作用域访问对象读取属性值非常简单，只需要使用“作用域名称 .”方式即可实现。例如，在示例 2 基础上，使用作用域访问对象读取新闻标题的代码如下。

```
<h1>${requestScope.news["title"] }</h1>
```

任务 2　使用 JSTL 实现列表展示

关键步骤如下。

- 在项目中添加 JSTL 所需 jar 包。
- 使用 JSTL 升级分页显示。

4.2.1 认识 JSTL

使用 EL 表达式已经实现了页面输出显示的优化，为什么还需要使用 JSTL 呢？这是因为使用 EL 表达式无法实现逻辑处理，如循环、条件判断等，因此还需要与 Java 代码混合使用，而 JSTL 则可以实现逻辑控制，从而进一步优化代码。

1．JSTL 简介

JSTL（Java Server Pages Standard Tag Library，JSP 标准标签库）包含了在开发 JSP 时经常用到的一系列标准标签。这些标签提供了一种不用嵌套 Java 代码就可以实现复杂 JSP 开发的途径。

JSTL 按照不同的用途又可以划分为多个分类，如表 4-2 所示。

要想在 JSP 中使用 JSTL，必须完成以下几项准备工作。

（1）下载 JSTL 所需的 jstl.jar 和 standard.jar 文件。

表4-2　JSTL的分类

标　签　库	资源标识符（url）	前缀（prefix）
核心标签库	http://java.sun.com/jsp/jstl/core	c
国际化 / 格式化标签库	http://java.sun.com/jsp/jstl/fmt	fmt
XML 标签库	http://java.sun.com/jsp/jstl/xml	x
数据库标签库	http://java.sun.com/jsp/jstl/sql	sql
函数标签库	http://java.sun.com/jsp/jstl/functions	fn

（2）将两个 jar 文件复制到 WEB-INF\lib 目录下，并添加到项目中。

（3）在 JSP 中添加标签指令，指令代码如下（注：前缀可修改）：

```
<%@ taglib url="http://java.sun.com/jsp/jstl/core" prefix="c" %>
```

完成以上 3 个步骤后，就可以在 JSP 中使用 JSTL 了。

2. 使用 <c:out> 标签输出显示

（1）<c:out> 标签简介

<c:out> 标签用来显示数据，类似于 JSP 中的 <%= %> 输出方式，但是功能更强大，主要体现在以下几点。

- 可以对数据进行转义输出。在输出时可以对数据内容中的 HTML 标记进行转义，如在数据中包含 <a></a> 的字符内容，若不经转义将被解析为超链接，而转义后则被视为文本。
- 可以在输出时设定默认值。在输出时设定默认的输出显示，一旦读取的数据内容为空时，则使用默认值输出，以便有更好的用户展示效果。

（2）<c:out> 标签语法

<c:out> 标签的语法如下。

```
<c:out value="value"  default="default"  escapeXml="true|false" />
```

- value：需要输出显示的表达式。
- default：默认输出显示的值，如果 value 的值为 null，则输出 default 的值。
- escapeXml：是否对输出的内容进行转义。

提示

在使用 <c:out> 标签输出显示前，需要将数据存放到作用域内。

示例 3

使用 <c:out> 输出新闻标题。

关键代码：

```
// 添加核心标签库， 其中 <c:forEach> 为迭代标签， 迭代输出各条新闻信息。 在后面章节进行讲解
<%@ taglib uri="http://java.sun.com/jsp/jstl/core" prefix="c" %>
```

```
……
<%
  List<News> newsList=newsService.getPageNewsList(pageIndex, pageSize);
  request.setAttribute("list", newsList);
%>
<c:forEach var="news" items="${list }" varStatus="status">
  ……
  <a href='newsDetailView.jsp?id=${news.id }'><c:out value="${news.title}" escapeXml="true" /></a>
```

（3）<c:set> 标签与 <c:remove> 标签

使用 <c:out> 标签可以实现对属性的读取，同样在 JSTL 中还可以使用 <c:set> 标签和 <c:remove> 标签对属性进行设置和清除。

<c:set> 标签的作用是对作用域内容的变量或者 JavaBean 对象属性进行设置。

<c:set> 标签设置变量的语法如下。

```
<c:set value="value" var="name" scope="scope" />
```

- value：变量的值。
- var：变量的名称。
- scope：变量存在的作用域范围，可为 page、request、session、application 中的一个。

<c:set> 标签设置对象属性的语法如下。

```
<c:set value="value" target="target" property="propertyName" />
```

- value：属性的值。
- target：对象的名称。
- property：对象的属性名称。

<c:remove> 标签的作用与 <c:set> 标签的作用正好相反，它用于删除作用域范围内的变量。<c:remove> 标签的语法如下。

```
<c:remove var="name" scope="scope" />
```

- var：变量的名称。
- scope：变量存在的作用域范围，可为 page、request、session、application 中的一个。

提示

<c:set> 标签与 <c:remove> 标签中的 var 属性与 scope 属性不能接受动态的值。

4.2.2　JSTL 的迭代标签与条件标签

迭代标签 <c:forEach/> 与条件标签 <c:if/> 都属于 JSTL 中核心（Core）标签库的内容，它们的作用是实现对集合的遍历以及对条件的判断。

1. <c:forEach/> 迭代标签

在 JSP 脚本中混合使用 for 循环与 HTML 标签可以实现新闻列表的显示，功能虽然实现了，但是页面代码很乱，结构也不清晰。JSTL 提供了 <c:forEach/> 迭代标签，该标签可以替换 for 循环语句，从而简化了页面中的代码，使结构更清晰，代码可读性更高。<c:forEach/> 迭代标签的语法如下。

```
<c:forEach var="varName" items="items" varStatus="varStatus">…</c:forEach>
```

- var：集合中元素的名称。
- items：集合对象。
- varStatus：当前循环的状态信息，如循环的索引号。

示例 4

使用迭代标签优化新闻列表显示。

关键代码：

```
// 添加核心标签库
<%@ taglib uri="http://java.sun.com/jsp/jstl/core" prefix="c" %>
……
<%
  // 每页显示的新闻列表
  List<News> newsList=newsService.getPageNewsList(pageIndex, pageSize);
  request.setAttribute("list", newsList);
%>
<c:forEach var="news" items="${list }" varStatus="status">
  <tr class="admin-list-td-h2">
      <td>
         <a href='newsDetailView.jsp?id=${news.id }'><c:out value="${news. title }"
         escapeXml="true" /></a>
      </td>
      <td><c:out value="${news.author }" default=" 无 " /></td>
      <td>${news.createDate }</td>
      <td>
         <a href='adminNewsCreate.jsp?id=2'> 修改 </a>
         <a href="javascript:if(confirm(' 确认是否删除此新闻？ ')) location=
            'adminNewsDel.jsp?id=2'"> 删除 </a>
      </td>
  </tr>
</c:forEach>
```

2. <c:if/> 条件标签

<c:if/> 条件标签也是核心标签库中的内容，它可以替代 Java 中的 if 语句。<c:if/> 条件标签的语法如下。

```
<c:if test="condition" var="varName" scope="scope">…</c:if>
```

- test：判断的条件。
- var：判断的结果。
- scope：判断结果存放的作用域。

示例 5

使用条件标签实现新闻列表隔行变色显示。

关键代码：

```
// 添加核心标签库
<%@ taglib uri="http://java.sun.com/jsp/jstl/core" prefix="c" %>
……
<%
  // 每页显示的新闻列表
  List<News> newsList=newsService.getPageNewsList(pageIndex, pageSize);
  request.setAttribute("list", newsList);
%>
<c:forEach var="news" items="${list }" varStatus="status">
 <tr <c:if test="${status.count%2==0 }">class="admin-list-td-h2"</c:if>>
       ……
  </tr>
</c:forEach>
```

虽然使用 JSTL 显示新闻列表任务已经基本完成，但是在列表中还需要完成一些超链接的设置，如修改、删除，下面就继续学习如何使用 JSTL 标签构造一个 URL。

4.2.3　JSTL 的 URL 操作

超链接是 Web 应用中最常用的功能，在 JSTL 中也提供了相应的标签来完成超链接的功能，这些标签包括 <c:url/> 标签、<c:param/> 标签和 <c:import/> 标签。

1. <c:url/> 标签

<c:url/> 标签的作用是根据 URL 规则创建一个 URL。<c:url/> 标签的语法如下。

```
<c:url value="value" />
```

- value：需要构造的 URL，可以是相对路径，也可以是绝对路径。

2. <c:param/> 标签

在 Web 应用中，超链接在实现页面跳转的同时，还需要进行数据的传递，JSTL 同样提供了相应的标签来支持超链接的参数设置，这个标签就是 <c:param/> 标签。

<c:param/> 标签的作用就是为 URL 附加参数。<c:param/> 标签的语法如下。

```
<c:param name="name"  value="value" />
```

- name：参数的名称。
- value：参数的值。

示例 6

设置新闻列表中每条新闻的“修改”超链接。

关键代码：

```
// 添加核心标签库
<%@ taglib uri="http://java.sun.com/jsp/jstl/core" prefix="c" %>
```

```
……
<td>
    <a href='
        <c:url value="newsDetailView.jsp">
            <c:param name="id" value="${news.id }"></c:param>
        </c:url>
    '> 修改 </a>
    <a href="javascript:if(confirm(' 确认是否删除此新闻？ ')) location='adminNewsDel. jsp?id=2'"> 删除 </a>
</td>
```

3. <c:import/> 标签

<c:import/> 标签的作用就是在页面中导入一个基于 URL 的资源，这个标签的作用与 <jsp:include> 动作元素类似。区别在于使用 <c:import/> 标签不仅可以导入同一个 Web 应用程序下的资源，还可以导入不同 Web 应用程序下的资源。<c:import/> 标签的语法如下。

```
<c:import url="URL"  />
```

- url：导入资源的 URL 路径。

4.2.4 使用 JSTL 格式化展示日期

1. <fmt:formatDate/> 标签

在之前的学习中，日期的格式化显示可以通过 Java 中的 SimpleDateFormat 来实现。在 JSTL 中可以使用格式化标签 <fmt:formatDate/> 来完成，<fmt:formatDate/> 标签的语法如下。

```
<fmt:formatDate value="date" pattern="yyyy-MM-dd HH:mm:ss"/>
```

- value：时间对象。
- pattern：显示格式。

示例 7

使用格式化标签显示新闻发布时间。

关键代码：

```
// 添加格式化标签库
<%@ taglib uri="http://java.sun.com/jsp/jstl/fmt" prefix="fmt" %>
……
 <td><fmt:formatDate value="${news.createDate }" pattern="yyyy-MM-dd"/></td>
<a href='
        <c:url value="newsDetailView.jsp">
            <c:param name="id" value="${news.id }"></c:param>
        </c:url>
  '> 修改 </a>
……
```

运行效果如图 4.3 所示。

图 4.3　格式化时间显示

2. **标签总结**

至此，我们已经学习了常用的几种 JSTL 标签，如表 4-3 所示。

表4-3　常用JSTL标签汇总

标　签	说　明
<c:out />	输出文本内容到 out 对象，常用于显示特殊字符或显示默认值
<c:set/>	在作用域中设置变量或对象属性的值
<c:remove/>	在作用域中移除变量的值
<c:if/>	实现条件判断结构
<c:forEach/>	实现循环结构
<c:url/>	构造 URL 地址
<c:param/>	在 URL 后附加参数
<c:import/>	在页面中嵌入另一个资源内容
<fmt:formatDate/>	格式化时间
<fmt:formatNumber/>	格式化数字

本任务使用 JSTL 标签实现新闻列表显示的效果如图 4.4 所示。

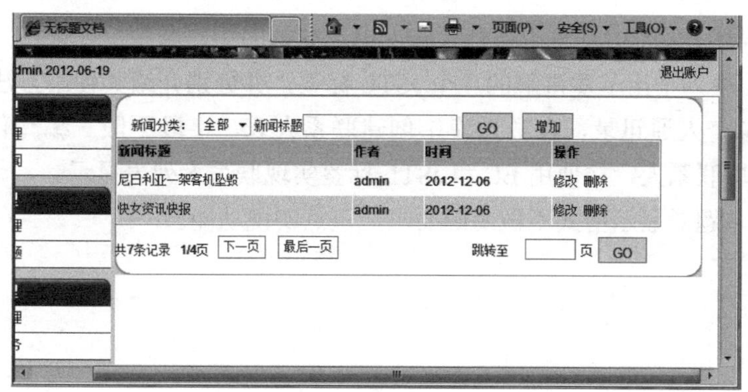

图 4.4　使用 JSTL 显示新闻列表

4.2.5 使用 JSTL 改造 JSP 分页实现

到目前为止，我们已经学习了如何使用EL表达式以及JSTL标签来优化页面的显示。在新闻信息系统的多个页面中都需要分页显示，所以对于分页部分也可以使用 EL 表达式和 JSTL 标签来进行优化。

升级分页显示功能的实现思路包括以下几个步骤。

1）将页面中实现分页的代码单独保存成一个文件，如 rollPage.jsp。

2）在文件中添加 taglib 指令，并添加脚本。

3）使用 <c:import/> 标签在显示页面中导入 rollPage.jsp，并实现参数传递。

4）修改 rollPage.jsp 的代码，接受参数。

了解具体实现请扫描二维码。

分页复用

本章总结

本章学习了以下知识点。

- EL 表达式的语法有 $ 和 {} 两个要素，二者缺一不可。
- EL 表达式可以使用“.”或者“[]”操作符，实现对变量或者对象属性的访问。
- 在使用 EL 表达式获取变量前，必须将数据保存到作用域中。
- JSTL 标签支持对业务逻辑的控制，包括：
  - 条件标签：<c:if/>。
  - 迭代标签：<c:forEach/>。
- 使用 JSTL 标签需要添加两个 jar 文件，分别是 jstl.jar 和 standard.jar。
- 在 JSP 中，必须引入 taglib 指令才能使用 JSTL 标签。
- EL 表达式与 JSTL 标签结合使用，可以极大地减少 JSP 中嵌入的 Java 代码，简化了代码，有利于程序的维护和扩展。

本章练习

1．请描述 EL 的访问作用域有哪些，以及默认的访问顺序。

2．请至少列举出本章讲解的 4 个 JSTL 标签，并分别介绍其使用方法。

3．模拟个人通讯录，在数据库中创建联系人表，字段不限。编写代码实现从数据库中读取联系人，并使用 EL 和 JSTL 标签实现联系人列表显示。

说明：本题对显示格式不做明确要求，重点实现功能。

第 5 章

Servlet、过滤器及监听器

技能目标

- ❖ 理解 Servlet 生命周期
- ❖ 会使用 Servlet 控制业务逻辑
- ❖ 掌握过滤器的应用
- ❖ 掌握监听器的应用

本章任务

学习本章，需要完成以下 3 个工作任务。记录学习过程中遇到的问题，可以通过自己的努力或访问 kgc.cn 解决。

任务 1：使用 Servlet 添加新闻

使用 Servlet 控制业务，实现新闻添加功能。

任务 2：使用过滤器解决中文乱码问题

在项目中添加过滤器，使用过滤器解决乱码显示。

任务 3：使用监听器统计在线用户数量

通过监听器统计网站的在线用户数量。

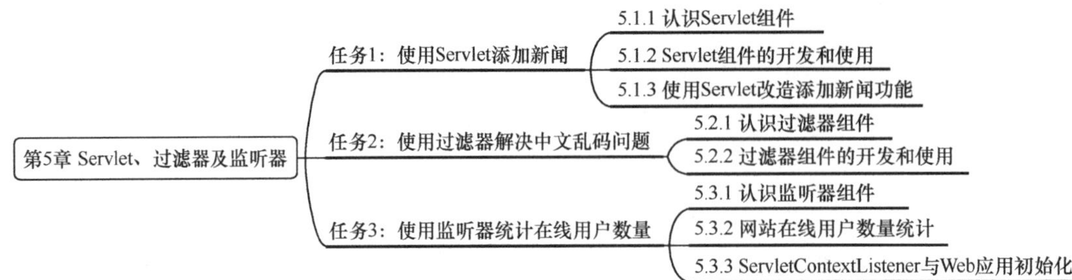

任务 1 使用 Servlet 添加新闻

关键步骤如下。

- ➢ 创建 Servlet 并进行配置。
- ➢ 使用 Servlet 实现业务处理。
- ➢ 使用 Servlet 控制页面跳转。

5.1.1 认识 Servlet 组件

在 JSP 技术出现之前，如果要动态生成 Web 页面，需要使用 Servlet 来实现。Servlet 技术如何生成 Web 页面？如何控制 Web 程序执行？这是本节将要介绍的内容。首先需要了解什么是 Servlet。

1. 初识 Servlet

Servlet 是一种独立于平台和协议的服务器端 Java 应用程序，通过 Servlet 可以生成动态的 Web 页面。同时，使用 Servlet 还可以在服务器端对客户端的请求进行处理，控制程序的执行。

Servlet 的主要作用就是交互式地浏览和更新数据，并生成动态的页面内容进行展示，其处理 Web 请求的过程如图 5.1 所示。

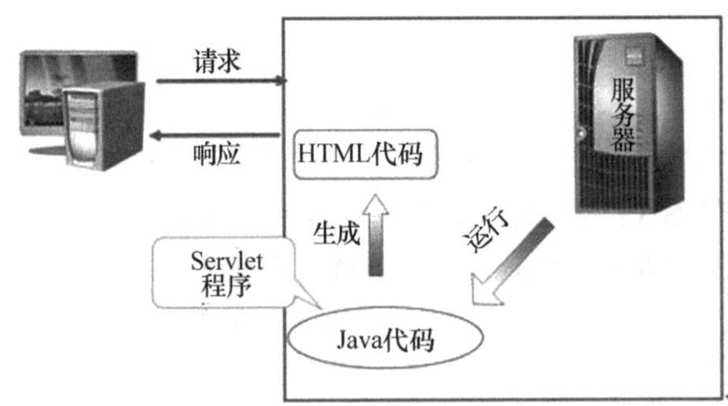

图 5.1 Servlet 处理 Web 请求的过程

Servlet 处理 Web 请求的过程，主要包括以下几个步骤。

- 服务器接收从客户端发送的请求。
- 服务器将请求信息发送至 Servlet。
- Servlet 经过处理后，生成响应的内容。
- 服务器将响应的内容返回给客户端。

JSP 与 Servlet 都可以实现动态页面显示，二者之间有什么关系？在之前学习 JSP 的过程中，曾经介绍过 JSP 在被 Web 容器解析的时候，最终会被编译成一个 Servlet 类，这就是二者之间的关系。

2. Servlet API

Servlet 其实是 server 以及 applet 两个单词的合成，所以它是一种服务器端的 Java 应用程序。但并不是所有服务器端的 Java 应用程序都是 Servlet，只有当服务器端使用 Servlet API 时，才能算是一个 Servlet。

Servlet API 又称为 Java Servlet 应用程序接口，包含了很多 Servlet 中重要的接口和类，如表 5-1 所示。

表5-1 Servlet API

名　称	说　明	所 在 包
Servlet 接口	Java Servlet 的基础接口，定义了 Servlet 必须实现的方法	javax.servlet
GenericServlet 类	继承自 Servlet 接口，属于通用的、不依赖于协议的 Servlet	javax.servlet
HttpServlet 类	继承自 GenericServlet 类，是在其基础上扩展了 HTTP 协议的 Servlet	javax.servlet.http
HttpServletRequest 接口	继承自 ServletRequest 接口，用于获取请求数据	javax.servlet.http
HttpServletResponse 接口	继承自 ServletResponse 接口，用于返回响应数据	javax.servlet.http

注意

Servlet API 中不仅仅包含表 5-1 中所示的接口和类，还有很多接口、类和方法，需要大家在练习和工作中去不断积累、查阅帮助文档才能逐步了解和掌握。

3. Servlet 生命周期

在了解 Servlet 生命周期之前，先来了解一个名词：Servlet 容器。Servlet 容器是用来装载 Servlet 对象的一种容器，是负责管理 Servlet 的一类组件。

Servlet 生命周期是指 Servlet 从创建到销毁的过程，这个过程包括以下几个环节。

（1）加载和实例化。Servlet 容器负责加载和实例化 Servlet，当客户端发送一个请求时，Servlet 容器会查找内存中是否存在该 Servlet 的实例，如果不存在，就创建一个 Servlet 实例；如果存在，就直接从内存中取出该实例来响应请求。

注意

Servlet 容器根据 Servlet 类的位置加载 Servlet 类，加载成功后，由容器创建 Servlet 实例。

（2）初始化。在 Servlet 容器完成 Servlet 实例化后，Servlet 容器将调用 Servlet 的 init() 方法进行初始化。初始化的目的是让 Servlet 对象在处理客户端请求前完成一些准备工作，如设置数据库连接参数、建立 JDBC 连接，或者建立对其他资源的引用。init() 方法在 javax.servlet.Servlet 接口中定义。

注意

对于每一个 Servlet 实例，init() 方法只被调用一次。

（3）提供服务，处理请求。Servlet 初始化以后，就处于能响应请求的就绪状态。当 Servlet 容器接收到客户端请求时，调用 Servlet 的 service() 方法处理客户端请求。Servlet 实例通过 ServletRequest 对象获得客户端的请求，通过调用 ServletResponse 对象的相关方法设置响应信息。

（4）销毁。Servlet 的实例是由 Servlet 容器创建的，所以实例的销毁也是由容器来完成的。Servlet 容器判断一个 Servlet 是否应当被释放时（容器关闭或需要回收资源），容器就会调用 Servlet 的 destroy() 方法，destroy() 方法指明哪些资源可以被系统回收。

Servlet 的生命周期过程和相应的方法如图 5.2 所示。

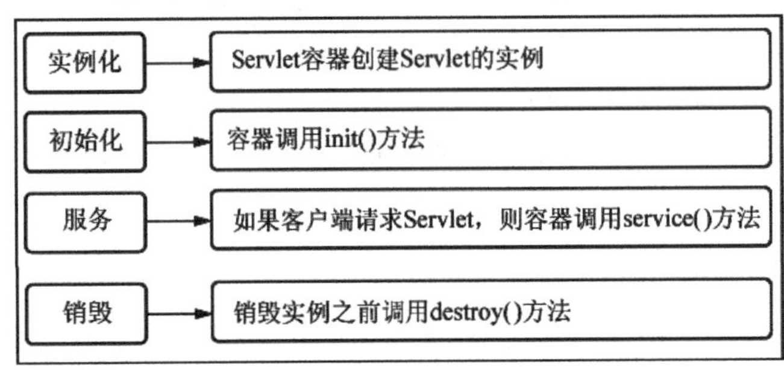

图 5.2　Servlet 的生命周期

5.1.2　Servlet 组件的开发和使用

了解了 Servlet 的基本概念以及 Servlet 的生命周期后，下面就要开始使用 Servlet 了。

1．创建 Servlet

要想使用 Servlet 就必须先创建 Servlet，创建 Servlet 有如下 3 种方式。

- 实现 Servlet 接口。
- 继承 GenericServlet 类。
- 继承 HttpServlet 类。

下面就通过显示 Servlet 生命周期来完成第一个 Servlet 的编写。

示例 1

创建 Servlet。

分析：显示 Servlet 的生命周期，分别将 Servlet 生命周期中相应的方法予以实现，然后通过浏览器进行访问。

关键代码：

```
public class MyServlet extends HttpServlet {
    protected void doGet(HttpServletRequest req, HttpServletResponse resp)
                throws ServletException, IOException {
        System.out.println(" 调用 doGet 方法 ");
    }
   protected void doPost(HttpServletRequest req, HttpServletResponse resp)
                throws ServletException, IOException {
        System.out.println(" 调用 doPost 方法 ");
    }
    public void destroy() {
        System.out.println("Servlet 被销毁 ");
    }
    public void init(ServletConfig config) throws ServletException {
        System.out.println("Servlet 初始化 ");
    }
}
```

在示例 1 中创建了名称为 MyServlet 的 Servlet，它继承自 HttpServlet 类。

2. Servlet 的部署与运行

（1）Servlet 的部署

部署 Servlet 时，需要对 web.xml 文件进行配置，配置的过程如下。

1）在 web.xml 文件中添加 <servlet> 元素，作用是将 Servlet 内部名映射到一个 Servlet 类名，格式为“包名 + 类名”。

2）添加 <servlet-mapping> 元素，作用是将用户访问的 URL 映射到 Servlet 内部名。

示例 2

将示例 1 中已经创建好的 Servlet，在 web.xml 文件中进行配置。

分析：配置 Servlet 主要包括两个部分，一个是添加 Servlet 类，另一个是配置 Servlet 类对应的映射。

关键代码：

```
<servlet>
    <servlet-name>myServlet</servlet-name>
    <servlet-class>demo.web.servlet.MyServlet</servlet-class>
</servlet>
<servlet-mapping>
    <servlet-name>myServlet</servlet-name>
    <url-pattern>/myServlet</url-pattern>
</servlet-mapping>
```

注意

<servlet-mapping> 与 <servlet> 中的 <servlet-name> 必须保持一致。

在配置了 Servlet 与 URL 的映射后，当 Servlet 容器收到一个请求时，首先确定哪个 Web 应用程序响应该请求，然后对请求的路径和 Servlet 映射的路径进行匹配。web.xml 中常用的 <url-pattern> 设置方法有以下 3 种形式。

- <url-pattern>/xxx</url-pattern>。精确匹配，例如：

```
<url-pattern>/helloServlet</url-pattern>
```

- <url-pattern>/xxx/*</url-pattern>。路径匹配，如果没有精确匹配，对 /xxx/ 路径的所有请求将由该 Servlet 进行处理，例如：

```
<url-pattern>/helloServlet/*</url-pattern>
```

- <url-pattern>*.do</url-pattern>。如果没有精确匹配和路径匹配，则对所有 .do 扩展名的请求将由该 Servlet 处理。

（2）初始化参数设置

在部署 Servlet 时，可以将一些可变的数据以初始化参数的形式进行设置，然后在 Servlet 中进行读取，从而减少代码编写工作量。初始化参数的设置方法如示例 3 所示。

示例 3

以初始化参数方式设置默认的字符编码为 UTF-8。

分析如下。

1）设置初始化参数，需要在配置文件中进行参数设置，以便初始化时在 Servlet 中进行参数读取。

2）配置文件设置完毕后，在 Servlet 中读取初始化参数。

关键代码如下。

配置文件设置代码：

```
<servlet>
    <servlet-name>myServlet</servlet-name>
  <servlet-class>demo.web.servlet.MyServlet</servlet-class>
  <init-param>
      <param-name>charSetContent</param-name>
      <param-value>utf-8</param-value>
  </init-param>
</servlet>
```

读取初始化参数代码：

```
public class MyServlet extends HttpServlet {
   ……
```

```
    public void init(ServletConfig config) throws ServletException {
        System.out.println("Servlet 初始化 ");
        String initParam=config.getInitParameter("charSetContent");
        System.out.println(initParam);
    }
}
```

在示例 3 中，关于初始化设置的说明如下。

- <init-param> 元素表示初始化参数部分。
- <param-name> 元素表示初始化参数的名称。
- <param-value> 元素表示初始化参数的值。

初始化参数一定要在所属的 Servlet 内进行设置。

（3）Servlet 的运行

Servlet 的运行比较简单，只需要通过 URL 就可以实现访问。需要注意的是，Servlet 的访问路径必须与在 web.xml 文件中设置的 URL 映射一致。

在浏览器中输入地址：http://localhost:8080/ServletDemo/myServlet，此时，将会调用部署好的 Servlet 并且在控制台输出相应的信息，如图 5.3 所示。

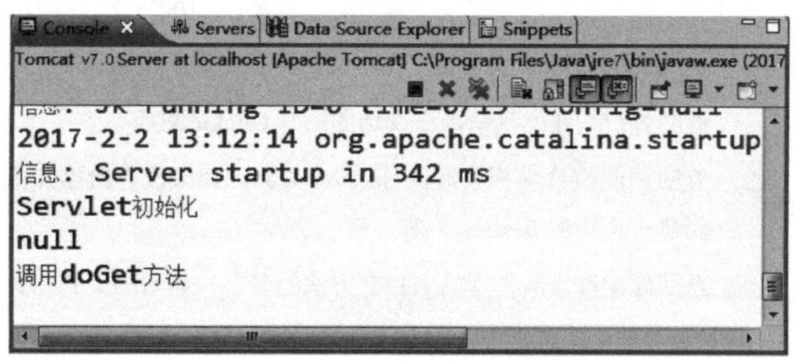

图 5.3　运行 Servlet

至此，通过 Servlet 生命周期的演示，已经学习了如何创建 Servlet、部署和运行 Servlet。在实际的应用程序中，Servlet 通常都会执行控制器的功能，而 JSP 用于内容展示。

5.1.3　使用 Servlet 改造添加新闻功能

1. Servlet 实现新闻增加的思路分析

新闻增加功能在之前的学习过程中已经实现了，这里只是改用 Servlet 来实现业务逻辑控制。其实现思路如下。

1）编写新闻增加业务控制的 Servlet。

2）在 Servlet 中获取数据，并调用 Service 中实现新闻添加的方法。

3）根据新闻增加的结果，选择响应方式。

4）修改表单的 action 属性为 Servlet 映射。

2. ***数据的获取与响应***

（1）ServletRequest 接口与 HttpServletRequest 接口

当客户端发送请求时，由 Servlet 容器创建 ServletRequest 对象（用于封装客户的请求信息），这个对象将被容器作为 service() 方法的参数之一传递给 Servlet，Servlet 能够利用 ServletRequest 对象获取客户端的请求数据。ServletRequest 接口的常用方法如表 5-2 所示。

表5-2　ServletRequest接口的常用方法

方　法	说　明
Object getAttribute(String name)	获取名称为 name 的属性值
void setAttribute(String name, Object object)	在请求中保存名称为 name 的属性值
void removeAttribute(String name)	清除请求中名称为 name 的属性
String getParameter(String name)	获取请求中传递的参数

HttpServletRequest 位于 javax.servlet.http 包中，继承自 ServletRequest 接口。其主要作用是读取用户请求中的数据。HttpServletRequest 接口除继承了 ServletRequest 接口中的方法外，还增加了一些用于读取请求信息的方法，如表 5-3 所示。

表5-3　HttpServletRequest接口的自有方法

方　法	说　明
String getContextPath()	返回请求 URI 中表示请求上下文的路径，上下文路径是请求 URI 的开始部分
Cookie[] getCookies()	返回客户端在此次请求中发送的所有 Cookie 对象
HttpSession getSession()	返回和此次请求相关联的 Session 对象，如果没有给客户端分配 Session 对象，则创建一个新的 Session 对象
String getMethod()	返回此次请求所使用的 HTTP 方法的名字，如 GET、POST

（2）ServletResponse 接口与 HttpServletResponse 接口

Servlet 容器在接收客户请求时，除了创建 ServletRequest 对象用于封装客户的请求信息外，还创建了一个 ServletResponse 对象，用来封装响应数据，并且同时将这两个对象一并作为参数传递给 Servlet。Servlet 利用 ServletRequest 对象获取客户端的请求数据，经过处理后由 ServletResponse 对象发送响应数据。ServletResponse 接口的常用方法如表 5-4 所示。

表5-4　ServletResponse接口的常用方法

方　法	说　明
PrintWriter getWriter()	返回 PrintWriter 对象，用于向客户端发送文本
String getCharacterEncoding()	返回在响应中发送的正文所使用的字符编码

续表

方　　法	说　　明
void setCharacterEncoding(String charset)	设置发送到客户端的响应所使用的字符编码
void setContentType(String type)	设置发送到客户端的响应的内容类型

与 HttpServletRequest 接口类似，HttpServletResponse 接口也继承自 ServletResponse 接口，用于对客户端的请求进行响应。它除了具有 ServletResponse 接口的常用方法外，还增加了新的方法，如表 5-5 所示。

表5-5　HttpServletResponse接口的自有方法

方　　法	说　　明
void addCookie(Cookie cookie)	增加一个 Cookie 到响应中，这个方法可多次调用，用于设置多个 Cookie
void addHeader(String name,String value)	将一个名称为 name、值为 value 的响应报头添加到响应中
void sendRedirect(String location)	发送一个临时的重定向响应到客户端，以便客户端访问新的 URL，该方法会抛出一个 IOException
String encodeURL(String url)	使用 Session ID 对用于重定向的 URL 进行编码，以便用于 sendRedirect() 方法中

了解 Servlet 中导航路径设置请扫描二维码。

路径设置

3. 表单 action 属性设置

使用 Servlet 控制新闻信息增加，除了要编写 Servlet 代码，还要对 JSP 表单进行修改，实现在表单提交时调用 Servlet。

修改表单的 action 属性，设置如下。

```
action="<%=request.getContextPath() %>/AddNewsServlet"
```

- <%=request.getContextPath() %>：获取页面上下文环境。
- /AddNewsServlet：对应 web.xml 文件中 <url-pattern> 元素的内容。

4. 新闻增加功能的实现

由于新闻增加功能在之前已经完成，在这里不再描述。本任务使用 Servlet 增加新闻的效果如图 5.4 所示。

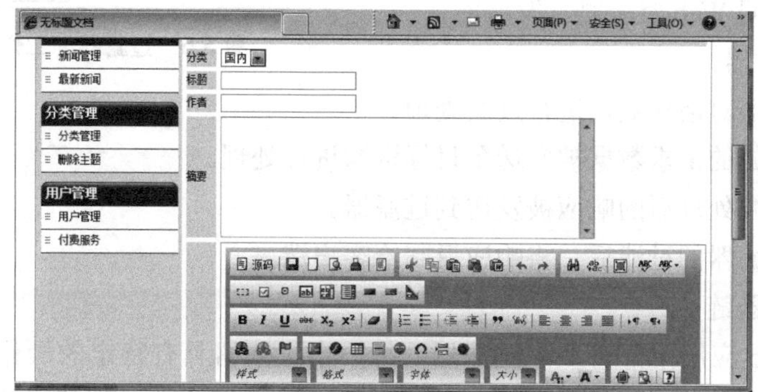

图 5.4　使用 Servlet 增加新闻

通过亲自编码实现新闻增加的功能，大家可更好地理解和掌握如何使用 Servlet 实现业务控制。

了解 MVC 内容请扫描二维码。

初识 MVC

任务 2 使用过滤器解决中文乱码问题

关键步骤如下。

➢ 建立实现 Filter 接口的类。

➢ 编写实现过滤的方法。

➢ 在 web.xml 文件中配置过滤器。

5.2.1 认识过滤器组件

在之前的 JSP 中，为了解决乱码的显示，都是采用对页面进行重新编码的方式。当一个 Web 项目中有很多页面都需要进行显示控制时，使用过滤器则可以极大地提高控制效果，同时也降低了开发成本，提高了工作效率。

1. 过滤器简介

（1）过滤器

过滤器是向 Web 应用程序的请求和响应添加过滤功能的组件。它可以在原始数据与目标之间进行过滤，就像一个水处理装置，可以将水源中的杂质、污垢过滤掉，输出符合要求的净水。

对于 Web 应用程序而言，过滤器能够实现对客户端与目标资源之间交互信息的筛选和过滤，最终保留有效的数据信息。其运行原理如图 5.5 所示。

Web容器

浏览器

请求

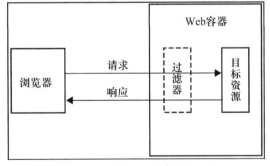

响应

过滤器

目标资源

图 5.5 过滤器的工作原理

过滤器的工作原理，包括以下几个步骤。

1）用户访问 Web 资源时，发送的请求会先经过过滤器。

2）由过滤器对请求数据进行过滤处理。

3）经过过滤的请求数据被发送至目标资源进行处理。

4）目标资源处理后的响应被发送到过滤器。

5）经过过滤器的过滤后，将响应返回给客户端。

（2）过滤器链

可以在 Web 应用中部署多个过滤器，每一个过滤器具有特定的操作和功能，这些过滤器组合在一起成为过滤器链。在请求资源时，过滤器链中的过滤器将会依次对请求

进行处理，并逐一将请求向下传递，直到最终的 Web 资源。同理，在返回响应时，也会通过过滤器链逐一进行处理，并最终返回给客户端。

如果在 Web 应用中存在过滤器链，那么配置文件中也会存在相应的多个配置。在执行时，按照配置文件中过滤器的顺序，逐一进行过滤。

（3）过滤器的应用场合

在实际应用开发中，过滤器主要用于以下场合。

- 对请求和响应进行统一处理。
- 对请求进行日志记录和审核。
- 对数据进行屏蔽和替换。
- 对数据进行加密和解密。

2. 过滤器的生命周期

与 Servlet 一样，过滤器也存在生命周期，也包含相应的方法。

1）实例化。访问 Web 资源之前，Web 容器负责创建过滤器的实例来完成过滤器的实例化的工作，并且实例化操作仅需做一次。

2）初始化。在进行过滤工作前会调用 init() 方法来实现初始化操作。注意，初始化操作也仅执行一次。

3）执行过滤。执行过滤操作，就是调用 doFilter() 方法来实现过滤器的特定功能，可以对请求和响应分别进行处理。在过滤器的有效期内，doFilter() 方法可以被反复地调用。

4）销毁。与 Servlet 相同，销毁过滤器也需要由 Web 容器调用其 destroy() 方法，通过调用 destroy() 方法实现将过滤器所占用的资源进行释放。

5.2.2　过滤器组件的开发和使用

1. 开发过滤器的步骤

过滤器的开发主要包括 4 个步骤。

1）创建实现 Filter 接口的类。

2）在 doFilter() 中编写实现过滤的方法。

3）调用下一个过滤器或者 Web 资源。

4）在 web.xml 文件中配置过滤器。

2. Filter 接口

实现过滤器的过程与实现 Servlet 有些类似。在开发过滤器时，需要实现 Filter 接口，这个接口存在于 javax.servlet 包下。

Filter 接口定义了 3 个方法，如表 5-6 所示。

提示

Filter 接口没有相应的实现类进行继承，所以在编写过滤器时，必须实现 Filter 接口。

表5-6 Filter接口的方法

方 法	说 明
void init(FilterConfig filterConfig)	Web 容器调用该方法实现过滤器的初始化
void doFilter(ServletRequest request, ServletResponse response, FilterChain chain)	当客户端请求资源时，Web 容器会调用与资源对应的过滤器的 doFilter() 方法。在该方法中，可以对请求和响应进行处理，实现过滤功能
void destroy()	Web 容器调用该方法，造成过滤器失效

示例 4

编写过滤器，实现字符编码的设置。

分析如下。

过滤器在实际的开发过程中，以类的形式存在，同时还必须实现 Filter 接口，然后在 doFilter() 方法内编写设置字符编码的语句。

关键代码：

```
public class CharacterEncodingFilter implements Filter {
  ……
    public void doFilter(ServletRequest request, ServletResponse response, FilterChain chain) throws IOException, ServletException {
      // 设置请求时的编码方式
      request.setCharacterEncoding("UTF-8");
      // 设置响应时的编码方式
      response.setCharacterEncoding("UTF-8");
      // 调用 Web 资源， 也可以调用其他过滤器
      chain.doFilter(request, response);
  }
  ……
}
```

3. 过滤器的配置

为了实现过滤功能，需要对 Web 应用中的 web.xml 文件进行配置，配置的方式与 Servlet 也非常类似。配置的过程包括以下两步。

（1）在 web.xml 文件中添加 <filter> 元素，用于设置过滤器的名称，以及过滤器的完全限定名。

（2）添加 <filter-mapping> 元素，其中 <filter-name> 元素必须与 <filter> 元素中的设置相同。<url-pattern> 元素则表示过滤器映射的 Web 资源。

与 Servlet 中的配置类似，在 web.xml 中常用的 <url-pattern> 设置方法有以下 4 种形式。

- 精确匹配：<url-pattern>/xxx</url-pattern>。
- 目录匹配：<url-pattern>/admin/*</url-pattern>。
- 扩展名匹配：<url-pattern>*.do</url-pattern>。

➢ 全部匹配：<url-pattern>/*</url-pattern>。

在匹配时会首先查找精确匹配，如果找不到，再找目录匹配，然后是扩展名匹配，最后是全部匹配。配置过滤器的代码如示例 5 所示。

示例 5

在配置文件中进行过滤器设置。

分析如下。

过滤器需要在 web.xml 文件中进行配置，配置完毕后，系统就会自动调用相应的过滤器执行过滤功能。

关键代码：

```
<filter>
  <display-name>CharacterEncodingFilter</display-name>
  <filter-name>CharacterEncodingFilter</filter-name>
  <filter-class>com.kgc.news.web.filter.CharacterEncodingFilter</filter-class>
</filter>
<filter-mapping>
  <filter-name>CharacterEncodingFilter</filter-name>
  <url-pattern>/*</url-pattern>
</filter-mapping>
```

任务 3　使用监听器统计在线用户数量

关键步骤如下。

➢ 实现 HttpSessionBindingListener 接口。

➢ 在 valueBound() 和 valueUnbound() 方法中实现用户数量的统计。

➢ 在 web.xml 文件中配置监听器。

5.3.1 认识监听器组件

1. Servlet 监听器

监听器是 Web 应用程序事件模型的一部分，当 Web 应用中的某些状态发生改变时，会产生相应的事件。监听器可以接收这些事件，并可以在事件发生时进行相关处理。

使用 Servlet 监听器可以实现对事件的监听。在 Servlet API 中共定义了 8 个监听器接口，可以用于监听 ServletContext、HttpSession 和 ServletRequest 对象的生命周期，以及这些对象的属性引发的事件。这 8 个监听器接口如表 5-7 所示。

2. HttpSessionBindingListener 接口

如果一个对象实现了 HttpSessionBindingListener 接口，当这个对象被添加到 session 或者从 session 中删除时，Servlet 容器都能够进行识别并发出相应的通知，在对象接收到通知后，就可以进行一系列的操作。HttpSessionBindingListener 接口提供的方法如表 5-8 所示。

表5-7 监听器接口介绍

监听器接口	说　明
javax.servlet.ServletContextListener	实现该接口，可以在 Servlet 上下文对象初始化或者销毁时得到通知
javax.servlet.ServletContextAttributeListener	实现该接口，可以在 Servlet 上下文中的属性列表发生变化时得到通知
javax.servlet.http.HttpSessionListener	实现该接口，可以在 session 创建后或者失效前得到通知
javax.servlet.http.HttpSessionActivationListener	实现该接口的对象，如果绑定到 session 中，当 session 被钝化或者激活时，Servlet 容器将通知该对象
javax.servlet.http.HttpSessionAttributeListener	实现该接口，可以在 session 中的属性列表发生变化时得到通知
javax.servlet.http.HttpSessionBindingListener	实现该接口，可以使一个对象在绑定 session 或者从 session 中删除时得到通知
javax.servlet.ServletRequestListener	实现该接口，可以在请求对象初始化时或者被销毁时得到通知
javax.servlet.ServletRequestAttributeListener	实现该接口，可以在请求对象中的属性发生变化时得到通知

表5-8 HttpSessionBindingListener接口提供的方法

方　法	说　明
void valueBound(HttpSessionBindingEvent event)	当对象被添加到 session 时，由容器调用该方法来通知对象
void valueUnbound(HttpSessionBindingEvent event)	当对象从 session 中删除时，由容器调用该方法来通知对象

5.3.2 网站在线用户数量统计

使用监听器来统计在线用户数量的实现步骤如下。

1）创建用户类实现 HttpSessionBindingListener 接口。

关键代码：

```
public class UserListener implements HttpSessionBindingListener {
    ……
}
```

2）在 valueBound() 和 valueUnbound() 方法中实现用户数量的统计。

关键代码：

```
public class UserListener implements HttpSessionBindingListener {

    public void valueBound(HttpSessionBindingEvent arg0) {
        Constants.ONLINE_USER_COUNT ++;
    }
    public void valueUnbound(HttpSessionBindingEvent arg0) {
        Constants.ONLINE_USER_COUNT --;
```

```
        }
    }
```

3）登录成功后将 UserListener 实例添加到 session 作用域。

HttpSessionBindingListener 无须进行配置或声明，只要将其实例添加到 session 作用域即可。登录成功后须执行的关键代码如下：

```
// 创建监听器实例
UserListener userListener = new UserListener();
// 将监听器实例添加到 session 作用域
request.getSession().setAttribute("userListener", userListener);
```

将 UserListener 实例绑定到 session 作用域时，容器会调用其 valueBound() 方法；同理，该用户会话被销毁时，UserListener 实例会与 session 作用域解绑，则容器会调用其 valueUnbound() 方法。

补充知识

ServletContextListener 接口

Servlet 监听器可以实现对应用程序的监控，尤其是希望在某一个事件发生时能够及时得到通知，以便执行相应操作的时候。对于监听器，Servlet 提供不同类型的接口，其中 ServletContextListener 接口用于对 Web 应用程序进行监控，随时对 Servlet 上下文的变化做出响应。下一节将讲解 ServletContextListener 接口。

5.3.3　ServletContextListener 与 Web 应用初始化

ServletContextListener 接口的作用是在 Servlet 上下文对象初始化或者销毁时发送通知，如果希望在 Web 应用程序启动时执行一系列初始化操作任务，就可以通过实现 Servlet ContextListener 接口的方法来完成。ServletContextListener 接口的方法如表 5-9 所示。

表5-9　ServletContextListener接口的方法

方　法	说　明
void contextInitialized(ServletContextEvent arg)	在 Web 应用程序初始化开始时，由 Web 容器调用
void contextDestroyed(ServletContextEvent arg)	当 Servlet 上下文将要关闭时，由 Web 容器调用

特别需要指出的是，Web 容器通过 ServletContextEvent 对象来通知 ServletContext-Listener 接口进行监听。通过 ServletContextEvent 对象的方法可以获取 Servlet 上下文。

获取上下文的语法如下。

```
public ServletContext getServletContext();
```

另外一点需要注意的是，ServletContextListener 监听器的实例要想从 Servlet 容器中接收到相关的事件通知，首先需要对自身进行声明，比较常见的做法是在 Web 应用程序的 web.xml 中对监听器类进行声明。

```
<listener>
    <listener-class>
        ServletContextListener 监听器实例的全类名
    </listener-class>
</listener>
```

示例 6

在启动新闻系统服务时，加载 DataSource 对象，获取数据库连接。

实现步骤：

在应用程序启动时，实现加载 DataSource 对象包括以下步骤。

1）编写监听器，实现使用 JNDI 查找数据源。

2）将查找到的数据源保存在 ServletContext 上下文中。

3）编写 Servlet 读取上下文，并从中查找数据源。

4）在 web.xml 文件中配置监听器及 Servlet。

关键代码如下。

监听器的关键代码：

```
public class DataSourceListener implements ServletContextListener {
  public void contextInitialized(ServletContextEvent evn) {
     ServletContext sc=evn.getServletContext();
     try {
          // 初始化上下文
          Context cxt=new InitialContext();
          // 获取与逻辑名相关联的数据源对象
          DataSource ds=(DataSource)cxt.lookup("java:comp/env/jdbc/news");
          // 将 DataSource 保存到 ServletContext 上下文中
          sc.setAttribute("DS", ds);
     } catch (NamingException e) {
          e.printStackTrace();
     }
  }
}
```

Servlet 的关键代码：

```
public class DataSourceServlet extends HttpServlet {
        protected void doGet(HttpServletRequest request, HttpServletResponse response) throws
                ServletException, IOException {
                        doPost(request,response);
        }
        protected void doPost(HttpServletRequest request, HttpServletResponse response) throws
                ServletException, IOException {
```

```
                // 从 ServletContext 上下文中读取 DataSource 对象
                DataSource ds=(DataSource)getServletContext().getAttribute("DS");
                System.out.print(ds);
        }
}
```

监听器及 Servlet 配置的关键代码：

```
<listener>
  <listener-class>com.kgc.news.entity.DataSourceListener</listener-class>
</listener>
<servlet>
    <description></description>
    <display-name>DataSourceServlet</display-name>
    <servlet-name>DataSourceServlet</servlet-name>
  <servlet-class>com.kgc.news.web.servlet.DataSourceServlet</servlet-class>
</servlet>
<servlet-mapping>
    <servlet-name>DataSourceServlet</servlet-name>
    <url-pattern>/DataSourceServlet</url-pattern>
</servlet-mapping>
```

运行效果如图 5.6 所示。

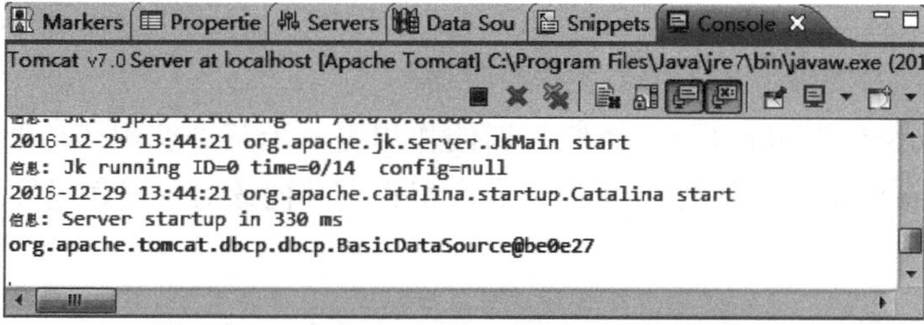

图 5.6　通过监听器获取数据库连接

本任务通过监听器统计网站在线人数的效果如图 5.7 所示。

图 5.7　使用监听器统计在线人数

本章总结

本章学习了以下知识点。

- Servlet 是一个运行在服务器端的 Java 程序，可以用来接收和处理用户请求，并做出响应。
- javax.servlet 中包含的类和接口支持通用的、不依赖协议的 Servlet，javax.servlet.http 中包含的类和接口支持 HTTP 协议的 Servlet。
- Servlet 的生命周期包括：
  - 加载和实例化
  - 初始化
  - 服务
  - 销毁
- 容器根据在 URL 中访问的 Servlet，在 web.xml 文件中进行查找（查找方式：<servlet-mapping> 中 <url-pattern> → <servlet-name> → <servlet> 中 <servlet-name> → <servlet-class>），并调用该 Servlet 以处理用户的请求。
- Filter 接口是开发过滤器必须实现的接口，该接口提供了 3 种方法。
  - init()：Web 容器初始化过滤器。
  - doFilter()：实现过滤行为。
  - destroy()：由 Web 容器调用，销毁过滤器。
- Servlet 监听器能够实现 ServletContext、HttpSession 和 ServletRequest 对象的监听，并提供了共 8 种类型的监听器。
- HttpSessionBindingListener 监听器的作用是，当某个实现该监听器的对象被 session 添加或删除时，由 Servlet 容器识别并向该对象发送通知。

本章练习

1. 请描述什么是 Servlet，并解释 Servlet 的生命周期。
2. 请描述在 web.xml 文件中配置 Servlet 的实现过程，以及注意事项。
3. 请描述配置过滤器时可以有几种方式设置 <url-pattern> 元素。
4. 编写代码实现高尔夫俱乐部会员注册及会员展示，要求使用过滤器解决页面的中文乱码问题。
5. 在练习 4 的基础上升级功能，使用 Servlet 监听器实现当高尔夫俱乐部会员登录成功后，显示同时在线的会员数量。

说明：练习 4、5 对显示格式不做明确要求，重点实现功能。

第 6 章

Ajax 与 jQuery

技能目标

❖ 理解 Ajax 技术
❖ 掌握 jQuery 的 $.ajax( ) 方法
❖ 掌握 JSON 的使用

本章任务

学习本章，需要完成以下 3 个工作任务。记录学习过程中遇到的问题，可以通过自己的努力或访问 kgc.cn 解决。

任务 1：使用原生 JavaScript 发送 Ajax 请求

任务 2：使用 jQuery 发送 Ajax 请求

任务 3：使用 JSON 格式构建响应数据

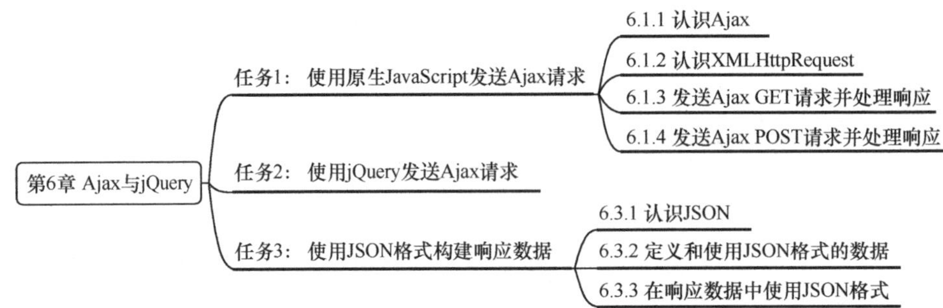

任务1 使用原生 JavaScript 发送 Ajax 请求

随着互联网的广泛应用，基于 B/S 架构的 Web 应用程序越来越受到推崇。但不可否认的是，B/S 架构的应用程序在界面效果及操控性方面比 C/S 架构的应用程序差很多，这也是 Web 应用程序普遍存在的一个问题。

在传统的 Web 应用中，每次请求服务器都会生成新的页面，用户在提交请求后，总是要等待服务器的响应。如果前一个请求没有得到响应，则后一个请求就不能发送。由于这是一种独占式的请求，因此如果服务器响应没有结束，用户就只能等待或者不断地刷新页面。在等待期间，由于新的页面没有生成，整个浏览器将是一片空白，而用户只能继续等待。对用户而言，这是一种不连续的体验，同时，频繁地刷新页面也会使服务器的负担加重。

Ajax 技术正是为了弥补以上不足而诞生的。Ajax 应用使用 JavaScript 异步发送请求，不用每次请求都重新加载页面，发送请求时可以继续其他的操作，在服务器响应完成后，再使用 JavaScript 将响应展示给用户。

使用 Ajax 技术，从用户发送请求到获得响应，当前用户界面在整个过程中不会受到干扰。我们在必要的时候可以只更新页面的一小部分，而不用刷新整个页面，即“无刷新”技术。如图 6.1 所示，搜狐网首页上的登录功能就使用了 Ajax 技术。输入登录信息单击“登录”按钮后，只是刷新登录区域的内容。因为首页上的信息很多，这就避免出现重复加载、浪费网络资源的现象，提高了加载速度。也是无刷新技术的第一个优势。

图 6.1 使用 Ajax 刷新局部页面

再以土豆网为例，在观看视频的时候，我们可以在页面上单击其他按钮执行操作。由于只是局部刷新，视频可以继续播放，不会受到影响。这体现了无刷新技术的第二个优势：提供连续的用户体验，而不被页面刷新中断。

最后看一下 Google 地图的例子。由于采用了无刷新技术，我们可以实现一些以前 B/S 程序很难做到的事情，即图 6.2 中 Google 地图提供的拖动、放大、缩小等操作。Ajax 强调的是异步发送用户请求，在一个请求的服务器响应还没返回时，可以再次发送请求。这种发送请求的模式可以使用户获得类似桌面程序的用户体验。

思考

- 问题：传统的 Web 开发技术和 Ajax 技术有什么区别？
- 解答：无论使用哪种开发技术，流程都是先由客户端发送 HTTP 请求，然后由服务器对请求生成响应。但传统的 Web 开发技术和 Ajax 技术之间还是存在很多差异的。

◆ 差异 1：发送请求方式不同。

传统 Web 应用通过浏览器发送请求，而 Ajax 技术则是通过 JavaScript 的 XMLHttpRequest 对象发送请求。

◆ 差异 2：服务器响应不同。

针对传统 Web 应用，服务器的响应是一个完整的页面，而采用 Ajax 技术后，服务器的响应只是需要的数据。

◆ 差异 3：客户端处理的响应方式不同。

传统的 Web 应用发送请求后，浏览器将等待服务器响应完成后重新加载整个页面。而采用 Ajax 技术后，浏览器不再专门等待请求的响应，而只是通过 JavaScript 动态更新页面中需要更新的部分。

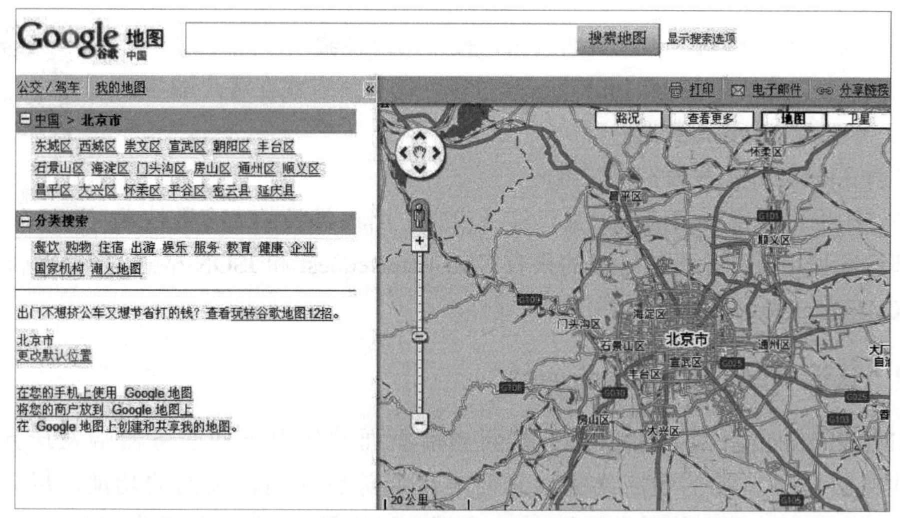

图 6.2　Google 地图类似桌面程序的用户体验

6.1.1 认识 Ajax

从前面的介绍中我们已经知道，使用 Ajax 技术可以通过 JavaScript 发送请求到服务器，在服务器响应结束后，根据返回结果可以只更新局部页面，以提供连续的客户体验，那么什么是 Ajax 呢？

Ajax（Asynchronous JavaScript and XML）并不是一种全新的技术，而是由 JavaScript、XML、CSS 等几种现有技术整合而成。Ajax 的执行流程是先由用户界面触发事件调用 JavaScript，通过 Ajax 引擎——XMLHttpRequest 对象异步发送请求到服务器，服务器返回 XML、JSON 或 HTML 等格式的数据，然后利用返回的数据使用 DOM 和 CSS 技术局部更新用户界面。整个工作流程如图 6.3 所示。

通过图 6.3 可以发现，Ajax 技术包括以下关键内容。

- JavaScript 语言：Ajax 技术的主要开发语言。
- XML / JSON / HTML 等：用来封装请求或响应的数据格式。

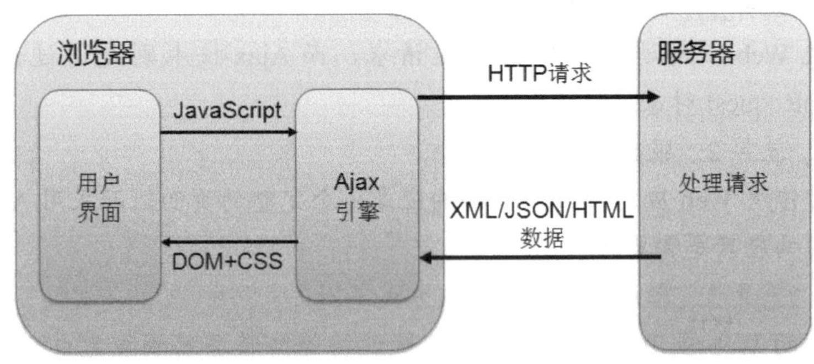

图 6.3 Ajax 工作流程

- DOM（文档对象模型）：通过 DOM 属性或方法修改页面元素，实现页面局部刷新。
- CSS：改变样式，美化页面效果，提升用户体验。
- Ajax 引擎：即 XMLHttpRequest 对象，以异步方式在客户端与服务器端之间传递数据。

Ajax 工作流程

了解 Ajax 工作流程请扫描二维码。

通过上面的介绍，相信大家都已经看出来，Ajax 涉及的大多数技术之前都已经使用过了，没接触过的只有 XMLHttpRequest 和 JSON 格式。下面我们先来认识 XMLHttpRequest 及其常用方法和属性。

6.1.2 认识 XMLHttpRequest

XMLHttpRequest 对象可以在不刷新当前页面的情况下向服务器端发送异步请求，并接收服务器端的响应结果，从而实现局部更新当前页面的功能。尽管名为 XMLHttpRequest，但它并不限于和 XML 文档一起使用，它还可以接收 JSON 或 HTML

等格式的文档数据。XMLHttpRequest 得到了目前所有浏览器较好的支持，但它的创建方式在不同浏览器下有一定的差别。

1. 创建 XMLHttpRequest 对象

在老版本的 IE 浏览器（IE 5 和 IE 6）中创建 XMLHttpRequest 对象的方式与较新版本的 IE（IE 7 及以上）及其他大部分浏览器中的创建方式是不同的。为了使程序兼容性更好，就需要了解它们的语法区别。

语法

➢ 老版本 IE（IE 5 和 IE 6）。

```
XMLHttpRequest = new ActiveXObject("Microsoft.XMLHTTP");
```

➢ 新版本 IE 和其他大部分浏览器（推荐使用）。

```
XMLHttpRequest = new XMLHttpRequest();
```

2. XMLHttpRequest 对象的常用属性和方法

对 Ajax 技术而言，主要就是 XMLHttpRequest 的使用。XMLHttpRequest 的常用方法和属性如表 6-1 和表 6-2 所示。

表6-1　XMLHttpRequest的常用方法

方法名称	说　明
open(String method, String url, boolean async, String user, String password)	用于创建一个新的 HTTP 请求 参数 method：设置 HTTP 请求的方法，如 POST、GET 等，对大小写不敏感 参数 url：请求的 URL 地址 参数 async：可选，指定此请求是否为异步方法，默认为 true 参数 user：可选，如果服务器需要验证，此处需要指定用户名；否则，会弹出验证窗口 参数 password：可选，验证信息中的密码，如果用户名为空，此值将被忽略
send(String data)	发送请求到服务器端 参数 data：字符串类型，表示通过此请求发送的数据。此参数值取决于 open 方法中的 method 参数。如果 method 值为“POST”，可以指定该参数。如果 method 值为“GET”，该参数为 null
abort( )	取消当前请求
setRequestHeader(String header, String value)	单独设置请求的某个 HTTP 头信息 参数 header：要指定的 HTTP 头名称 参数 value：要指定的 HTTP 头名称所对应的值
getResponseHeader(String header)	从响应中获取指定的 HTTP 头信息 参数 header：要获取的指定 HTTP 头
getAllResponseHeaders( )	获取响应的所有 HTTP 头信息

表6-2 XMLHttpRequest的常用属性

属性名称	说明
onreadystatechange	设置回调函数
readyState	返回请求的当前状态 常用值： 0——未初始化 1——开始发送请求 2——请求发送完成 3——开始读取响应 4——读取响应结束
status	返回当前请求的 HTTP 状态码 常用值： 200——正确返回 404——找不到访问对象
statusText	返回当前请求的响应行状态
responseText	以文本形式获取响应值
responseXML	以 XML 形式获取响应值，并且解析成 DOM 对象返回

了解 XMLHttpRequest 常用属性请扫描二维码。

提示

由于 XMLHttpRequest 的属性和方法内容较多，记住常用的属性和方法即可，其他参数可在需要时再查阅相关资料。

了解了 XMLHttpRequest 的方法和属性后，下面一起来学习如何使用 XMLHttpRequest 实现 Ajax。

实现 Ajax 的过程分为发送请求和处理响应两个步骤，发送请求有两种方式，即 GET 方式和 POST 方式；处理响应也有两种方式，即处理文本响应和处理 XML 响应，下面以处理文本响应为例进行讲解。

XMLHttp Request 常用属性

6.1.3 发送 Ajax GET 请求并处理响应

思考

使用 Ajax 技术实现下列功能：

在用户名验证页面，当“用户名”文本框失去焦点时，发送请求到服务器，判断用户名是否存在。若已存在则提示“用户名已被使用”，如图 6.4 所示，若不存在则提示“用户名可以使用”，如图 6.5 所示。在完成这个功能的过程中页面不会刷新。

图 6.4　使用 Ajax 检查用户是否存在　（一）

图 6.5　使用 Ajax 检查用户是否存在　（二）

分析

（1）使用文本框的 onBlur 事件实现当文本框失去焦点时调用检查用户名是否存在的 JavaScript 方法。

（2）在该方法中创建 XMLHttpRequest 对象，发送异步请求到服务器进行用户名验证操作。

使用 XMLHttpRequest 对象发送 GET 请求到服务器端，并处理文本方式响应，需要通过以下 4 个步骤来实现。

（1）创建 XMLHttpRequest 对象。通过 window.XMLHttpRequest 的返回值判断创建 XMLHttpRequest 对象的方式。

（2）设置回调函数。通过 onreadystatechange 属性设置回调函数，其中回调函数需要自定义。

（3）初始化 XMLHttpRequest 对象。通过 open( ) 方法设置请求的发送方式和路径。

（4）发送请求。

以上步骤的关键代码如示例 1 所示。

示例 1

```
//1. 创建 XMLHttpRequest 对象
if (window.XMLHttpRequest) {// 返回值为 true 说明是新版本 IE 或其他浏览器
```

```
        xmlHttpRequest = new XMLHttpRequest();
} else {// 返回值为 false 说明是老版本 IE 浏览器 （IE 5 和 IE 6）
        xmlHttpRequest = new ActiveXObject("Microsoft.XMLHTTP");
}
//2. 设置回调函数
xmlHttpRequest.onreadystatechange = callBack;
//3. 初始化 XMLHttpRequest 组件
var url = "userServlet?name="+name;// 服务器端 URL 地址，name 为从 “用户名” 文本框获取的值
xmlHttpRequest.open("GET", url, true);
//4. 发送请求
xmlHttpRequest.send(null);
// 在回调函数 callBack() 中处理服务器响应的关键代码
function callBack() {
    if (xmlHttpRequest.readyState == 4 && xmlHttpRequest.status == 200) {
        var data = xmlHttpRequest.responseText;
        if (data == "true") {
            $("#nameDiv").html(" 用户名已被使用！ ");//nameDiv 为显示消息的 div 的 id
        } else {
            $("#nameDiv").html(" 用户名可以使用！ ");
        }
    }
}
```

执行检查功能的 Servlet 代码如下。

```
public class UserServlet extends HttpServlet {
    public void doGet(HttpServletRequest request, HttpServletResponse response)
            throws ServletException, IOException {
        String name = request.getParameter("name");
        boolean used = false;
        if("ajax".equals(name)){
            used = true;
        }else{
            used = false;
        }
        response.setContentType("text/html;charset=UTF-8");
        PrintWriter out = response.getWriter();
        out.print(used);
        out.flush();
        out.close();
```

```
    }
    public void doPost(HttpServletRequest request,HttpServletResponse response)
            throws ServletException, IOException {
        request.setCharacterEncoding("UTF-8");
        this.doGet(request, response);
    }
}
```

步骤一，通过 window.XMLHttpRequest 的返回值判断当前浏览器以确定创建 XMLHttp Request 对象的方式。如果为 true，说明是新版本 IE 或其他浏览器，可以使用“new XMLHttpRequest( )”的方式创建 XMLHttpRequest 对象；如果为 false，说明是老版本 IE 浏览器（IE 5 和 IE 6），需要使用“new ActiveXObject（"Microsoft.XMLHTTP"）”的方式创建 XMLHttpRequest 对象。

步骤二，通过 XMLHttpRequest 对象的 onreadystatechange 属性设置回调函数，监听服务器的响应状态并进行相应处理。

步骤三，通过 XMLHttpRequest 对象的 open( ) 方法，传入参数完成初始化 XMLHttpRequest 对象的工作。其中，第一个参数为 HTTP 请求方式，这里选择发送 HTTP GET 请求。第二个参数为要发送的 URL 请求路径，因为采用 GET 方式发送请求，所以需要将要发送的数据附加到 URL 路径后。

步骤四，调用 XMLHttpRequest 对象的 send( ) 方法，参数为要发送到服务器端的数据，因为采用“GET”方式发送请求时，参数只能附加到 URL 路径后，所以这里直接设为 null 即可。需要提醒的是，如果 send( ) 方法不设置参数值，在不同的浏览器下可能存在兼容性问题。例如，在 IE 中能够正常运行，但在 Firefox 中却不能。所以，建议最好设为 null。

执行完步骤四，这个异步请求的发送过程就结束了，但是如何知道这个请求是否发送成功，服务器是否成功返回数据，则需要在步骤二设置的回调函数中判断。在回调函数中，使用 XMLHttpRequest 对象的 readyState 属性判断当前请求的状态，使用 status 属性判断当前请求的 HTTP 状态码。当请求状态为“4”，同时 HTTP 状态码为“200”时，表示成功接收到服务器端发送的数据。这时就可以使用 XMLHttpRequest 对象的 responseText 属性去获取服务器端返回的文本格式数据。

以上就是实现 GET 方式发送请求及处理文本方式响应的全部过程，下面我们来看一下使用 POST 方式发送请求有何不同。

6.1.4 发送 Ajax POST 请求并处理响应

刚才实现了 GET 方式发送请求及处理文本方式响应，接下来我们来看一下 POST 方式的实现。实际上 POST 方式的实现跟 GET 方式类似，基本步骤相同，关键代码如示例 2 所示。

示例 2

```
//1. 创建 XMLHttpRequest 对象
if (window.XMLHttpRequest) {// 返回值为 true 说明是新版本 IE 或其他浏览器
    xmlHttpRequest = new XMLHttpRequest();
} else {// 返回值为 false 说明是老版本 IE 浏览器 （包括 IE 5 和 IE 6）
    xmlHttpRequest = new ActiveXObject("Microsoft.XMLHTTP");
}
//2. 设置回调函数
xmlHttpRequest.onreadystatechange = callBack;
//3. 初始化 XMLHttpRequest 对象
var url = "userServlet";// 服务器端 URL 地址
xmlHttpRequest.open("POST", url, true);
xmlHttpRequest.setRequestHeader("Content-Type",
                                "application/x-www-form-urlencoded");
//4. 发送请求
var data = "name="+name;// 需要发送的数据信息，name 为从 "用户名" 文本框获取的值
xmlHttpRequest.send(data);
// 在回调函数 callBack 中处理服务器响应的关键代码
function callBack() {
    if (xmlHttpRequest.readyState == 4 && xmlHttpRequest.status == 200) {
        var data = xmlHttpRequest.responseText;
        // 省略将服务器返回的文本数据显示到页面的代码
    }
}
```

对比使用 Ajax 发送 GET 请求与发送 POST 请求的关键代码，可以发现它们的不同之处主要在步骤三和步骤四中，如表 6-3 所示。

表6-3　使用GET与POST方式实现Ajax的区别

发送方式	步骤三：初始化XMLHttpRequest对象	步骤四：发送请求
GET	指定 XMLHttpRequest 对象的 open( ) 方法中的 method 参数为 “GET”	指定 XMLHttpRequest 对象的 send( ) 方法中的 data 参数为 “null”
POST	（1）指定 XMLHttpRequest 对象的 open() 方法中的 method 参数为 “POST” （2）指定 XMLHttpRequest 对象要请求的 HTTP 头信息，该 HTTP 请求头信息为固定写法	可以指定 XMLHttpRequest 对象的 send( ) 方法中的 data 参数的值，即该请求需要携带的具体数据。多个键 / 值对使用 “&” 连接

需要注意的是，采用 GET 方式发送请求时，通常会将需要携带的参数附加在 URL 路径后一起发送，xmlHttpRequest.send( ) 方法不能传递参数，data 参数设置为 null 即可；而采用 POST 方式发送请求时，则可以在 xmlHttpRequest.send( ) 方法中指定传递的参数值。

技能训练

上机练习 1——实现检查注册用户的注册邮箱是否存在

➢ 需求说明

（1）在用户注册页面（如图 6.6 所示），当“注册邮箱”文本框失去焦点时，发送请求到服务器，判断用户的注册邮箱是否存在。如果已经存在则提示“该邮箱已被注册”。

（2）分别使用 GET、POST 两种方式发送请求。

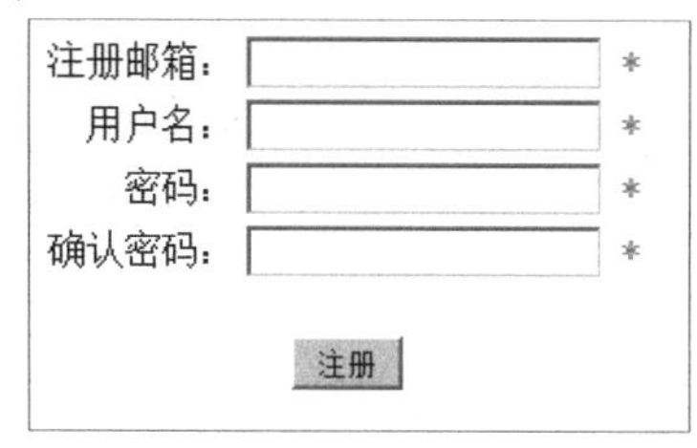

图 6.6　注册页面效果

任务 2　使用 jQuery 发送 Ajax 请求

前面介绍了如何使用原生 JavaScript 实现 Ajax 技术来提升用户体验。但是通过原生 JavaScript 实现 Ajax 相对比较复杂，并且如果服务器返回复杂结构的数据（如 XML 格式），处理起来也会比较烦琐，此外还要考虑浏览器的兼容性等一系列问题。而 jQuery 将 Ajax 相关的操作都进行了封装，只需简单调用一个方法即可完成请求发送和复杂格式结果的解析。相比而言，使用 jQuery 实现 Ajax 更加简洁方便且结构清晰。

jQuery 的 $.ajax( ) 方法可以通过发送 HTTP 请求加载远程数据，是 jQuery 最底层的 Ajax 实现，具有较高灵活性。

语法

```
$.ajax([settings]);
```

参数 settings 是 $.ajax( ) 方法的参数列表，用于配置 Ajax 请求的键值对集合。常用配置参数如表 6-4 所示。

表6-4　$.ajax( )常用配置参数

参　数	类　型	说　明
url	String	发送请求的地址，默认为当前页面地址
type	String	请求方式（POST 或 GET，默认为 GET），1.9.0 之后的版本可以使用 method 代替 type
data	PlainObject 或 String 或 Array	发送到服务器的数据
dataType	String	预期服务器返回的数据类型，可用类型有 XML、HTML、Script、JSON、JSONP、Text
beforeSend	Function(jqXHR jqxhr, PlainObject settings)	发送请求前调用的函数，可用于设置请求头等，返回 false 将终止请求 参数 jqxhr：可选，jqXHR 是 XMLHttpRequest 的超集 参数 settings：可选，当前 ajax( ) 方法的 settings 对象

续表

参　数	类　型	说　明
success	Function(任意类型 result, String textStatus, jqXHR jqxhr)	请求成功后调用的函数 参数 result：可选，表示由服务器返回的数据 参数 textStatus：可选，表示描述请求状态的字符串 参数 jqxhr：可选
error	Function(jqXHR jqxhr, String textStatus, String errorThrown)	请求失败时被调用的函数 参数 jqxhr：可选 参数 textStatus：可选，描述错误信息 参数 errorThrown：可选，表示用文本描述的 HTTP 状态
complete	Function(jqXHR jqxhr, String textStatus)	请求完成后调用的函数（请求成功或失败时均调用） 参数 jqxhr：可选 参数 textStatus：可选，描述请求状态的字符串
timeout	Number	设置请求超时时间
global	Boolean	默认为 true，表示是否触发全局 Ajax 事件

如表 6-4 所示为常用配置参数，如果有特殊需求或想了解更多细节可以参考 jQuery 官方文档。

了解了 $.ajax( ) 方法的常用参数后，接下来介绍如何使用 $.ajax( ) 方法实现 Ajax 无刷新远程请求服务器功能。

以示例 1 中实现的用户名验证功能为例，如果使用 jQuery 提供的 $.ajax( ) 方法实现发送 Ajax 异步请求，代码如示例 3 所示。

示例 3

```
$.ajax( {
        "url"          : "userServlet",          // 要提交的 URL 路径
        "type"         : "GET",                  // 发送请求的方式
        "data"         : "name="+name,           // 要发送到服务器的数据
        "dataType"     : “text” ,                // 指定返回的数据格式
        "success"      : callBack,               // 响应成功后执行的回调函数
        "error"        : function() {            // 请求失败后执行的代码
                alert(" 用户名验证时出现错误， 请稍后再试或与管理员联系！ ");
        }
} );
// 响应成功时的回调函数
function callBack(data) { // 传入参数 data 表示响应结果
   if (data == "true") {
        $("#nameDiv").html(" 用户名已被使用！ ");
   } else {
        $("#nameDiv").html(" 用户名可以使用！ ");
   }
}
```

注意

$.ajax( ) 方法的参数语法比较特殊。参数列表需要包含在一对花括号“{ }”之间；每个参数以 "参数名 ":" 参数值 " 的方式书写；如有多个参数，以逗号“,”隔开。

此语法即为一种重要的数据类型：JSON。有关 JSON 的内容将在后面详细介绍，这里先简单了解即可。

读了上面的关键代码，就会发现它与原生 JavaScript 实现 Ajax 相比要简洁清晰很多。只需要设置几个参数即可。其中，success 参数用来处理成功响应，相当于原生 JavaScript 实现 Ajax 时回调函数中响应成功的分支；error 参数则相当于错误分支，在该函数中执行程序出错后的操作，如给出提示信息等。另外，需要注意的是，不需要特别设定的参数可以省略。

技巧

（1）beforeSend 回调函数除了可以修改请求参数外，还可以添加一些业务功能，以提升用户体验。例如，如果请求耗时较长，可在请求提交前显示一条提示信息，提醒用户正在处理中，以免用户认为没有响应而重复操作。

```
"beforeSend" :  function() {
    $("#loading").show(); // #loading 为带有提示信息的 div 元素
}// 若后面还有其他参数， 这里应加上 “,”
```

还可以进一步禁用提交按钮，以杜绝用户的重复操作。

```
"beforeSend" :  function() {
    $("#loading").show(); // 显示提示信息
    $("#submit").attr("disabled", "disabled"); // 禁用提交按钮
}// 若后面还有其他参数， 这里应加上 “,”
```

（2）complete 回调函数则类似于 Java 代码中 finally 语句块的特点。例如，无论是否成功，响应结束后都要隐藏“处理中”提示并将提交按钮恢复为可用状态。

```
"complete" :  function() {
    $("#loading").hide(); // 隐藏提示
    $("#submit").removeAttr("disabled"); // 恢复按钮为可用状态
}// 若后面还有其他参数， 这里应加上 “,”
```

技能训练

上机练习 2——使用 $.ajax( ) 方法实现异步检查注册邮箱是否已存在

➢ 需求说明

使用 $.ajax( ) 方法重新实现上机练习 1 的需求。

提示

参考示例 3 代码。

任务 3 使用 JSON 格式构建响应数据

在前面的 Ajax 实现中，服务器响应的内容是一些简单的文本，对于更多应用而言这是远远不够的。例如，电商网站中动态加载商品评论，电子邮件 Web 客户端动态加载新邮件列表等，这就需要用到一些结构化的数据表示方式，如前文提到的 JSON。

6.3.1 认识 JSON

JSON（JavaScript Object Notation）是一种轻量级的数据交换格式。它是基于 JavaScript 的一个子集，采用完全独立于语言的文本格式。JSON 类似于实体类对象，通常用来在客户端和服务器之间传递数据。在 Ajax 出现之初，客户端脚本和服务器之间传递数据使用的是 XML，但 XML 难于解析，代码量也比较大。JSON 出现后，以其轻量级及易于解析的优点，很快受到业界的广泛关注，现在大有将 XML 取而代之的趋势。

JSON 的语法较简单，只需掌握如何使用 JSON 来定义对象和数组，即可其基本语法如下。

1. **定义 JSON 对象**

语法

```
var JSON 对象 = { name:value, name:value, … };
```

JSON 数据以名 / 值对的格式书写，名和值用“:”隔开，不同的名 / 值对之间用“,”隔开，整个表达式放在“{ }”中。其中，name 必须是字符串，由双引号（" "）括起来，value 可以是 String、Number、boolean、null、对象、数组。例如：

```
var person = {"name":" 张三 ", "age":30, "spouse":null};
```

如果只有一个值，把它当成只有一个属性的对象即可，如 {"name" : " 张三 "}。

2. **定义 JSON 数组**

语法

```
var JSON 数组 = [value, value, …];
```

JSON 数组的整个表达式放在“[ ]”中，元素之间用“,”隔开。

字符串数组举例： [" 中国 "," 美国 "," 俄罗斯 "]。

对象数组举例： [{"name": " 张三 ", "age":30}, {"name":" 李四 ", "age":40}]。

了解了 JSON 的基本语法后，下面介绍如何使用 jQuery 处理 JSON 数据。

6.3.2　定义和使用 JSON 格式的数据

示例 4 展示了如何以 JSON 对象和 JSON 数组来定义数据，并以页面中常见的格式展示它们。

示例 4

JavaScript 关键代码：

```
$(document).ready(function() {
    //1.  定义 JSON 格式的 user 对象， 并在 div 中输出
        var user = {
        "id" : 1,
        "name" : " 张三 ",
        "pwd" : "000"
    };
    $("#objectDiv").append("ID :   " + user.id + "<br>")
                        .append(" 用户名 :   " + user.name + "<br>")
                        .append(" 密码 :   " + user.pwd + "<br>");

    //2.  定义 JSON 格式的字符串数组， 并在 ul 和 select 中输出
    var ary = [ " 中 ", " 美 ", " 俄 " ];
    var $ary = $(ary);
    var $ul = $("#arrayUl"); // 展示数据的 ul 元素
    var $sel = $("#arraySel"); // 展示数据的 select 元素
    $ary.each( function() { $ul.append("<li>"+this+"</li>"); } );
    $ary.each( function(i) {
        $sel.append("<option value='"+(i+1)+"'>"+this+"</option>");
    } );

    //3.  定义 JSON 格式的 user 对象数组， 并使用 <table> 输出
    var userArray = [ {
        "id" : 2,
        "name" : "admin",
        "pwd" : "123"
    }, {
        "id" : 3,
        "name" : " 詹姆斯 ",
        "pwd" : "11111"
    }, {
        "id" : 4,
        "name" : " 梅西 ",
        "pwd" : "6666"
    } ];
    // 展示数据的 table 元素
    var $table = $("<table border='1'></table>").append(
```

```
                "<tr><td>ID</td><td> 用户名 </td><td> 密码 </td></tr>")
                .appendTo($("#objectArrayDiv"));
    $(userArray).each( function() {
        $table.append("<tr><td>" + this.id + "</td><td>"
                    + this.name + "</td><td>"
                    + this.pwd + "</td></tr>");
    } );
});
```

HTML 关键代码：

```
<body>
一、 JSON 格式的 user 对象 :<div id="objectDiv"></div><br>
二、 JSON 格式的字符串数组 :  <select id="arraySel"></select>
                    <ul id="arrayUl"></ul>
三、 JSON 格式的 user 对象数组 :<div id="objectArrayDiv"></div>
</body>
```

程序运行结果如图 6.7 所示。

技能训练

上机练习 3——以常见页面元素展示 JSON 数据

➢ 需求说明

（1）使用 JSON 定义用户数组，用户信息包括用户 ID（userid）、姓名（username）、住址（address）、手机（mobile）。

（2）将用户信息分别展示为表格和下拉列表形式，效果如图 6.8 所示。

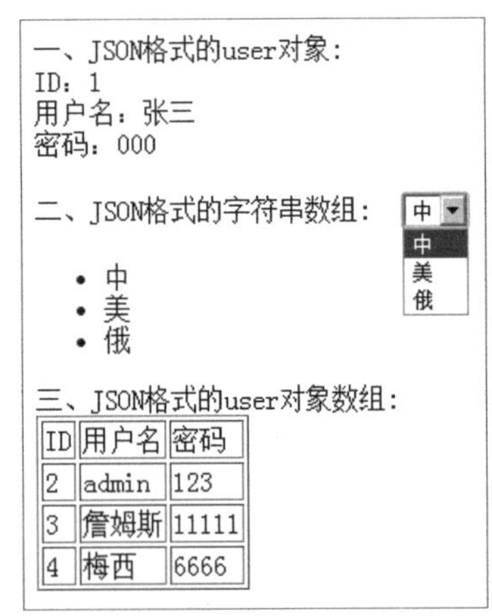

图 6.7　在页面中展示 JSON 格式数据

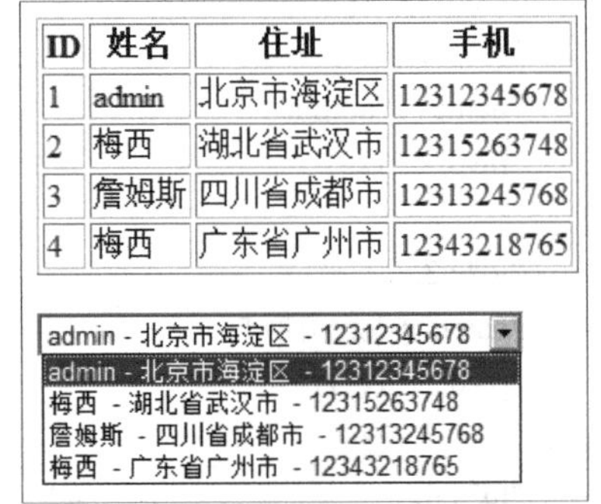

图 6.8　以常见页面元素展示 JSON 数据

6.3.3　在响应数据中使用 JSON 格式

了解了 JSON 数据格式及其使用方法，接下来就可以在 Ajax 的请求和响应中使用

JSON 来实现复杂格式数据的传递。

新闻发布系统的管理员从首页登录成功后，会导航至“查询全部新闻”功能，并在查询成功后跳转至 /newspages/admin.jsp 页面展示，如图 6.9 所示。

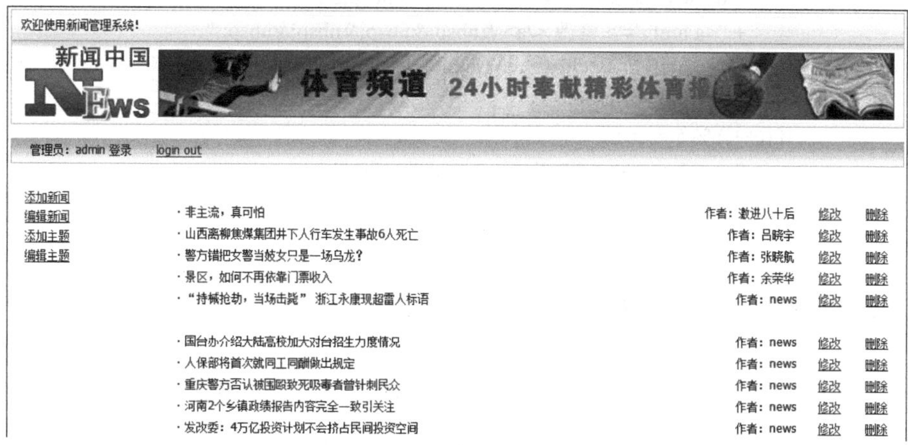

图 6.9 管理员操作页面

现在以 Ajax 技术改造 /newspages/admin.jsp 页面的初始化功能，实现步骤如下。

（1）修改登录成功后的导航路径，直接指向 /newspages/admin.jsp，代码如示例 5 所示。

示例 5

```
…… // 省略其他代码
request.getSession().setAttribute("admin", uname);
// 不再导航至 /util/news?opr=list 查询新闻列表
// response.sendRedirect(contextPath + "/util/news?opr=list");
// 直接跳转至 /newspages/admin.jsp，  在 admin.jsp 页面中使用 Ajax 加载新闻数据
response.sendRedirect(contextPath + "/newspages/admin.jsp");
```

（2）在 admin.jsp 页面删除原有的数据加载及输出代码，编写 JavaScript 脚本，通过 Ajax 技术加载新闻数据并进行展示，代码如示例 6 所示。

示例 6

```
$(document).ready(function() {
    function initNews() { // 使用 Ajax 技术获取新闻列表数据
        $.ajax({
            "url"           : "../util/news",
            "type"          : "GET",
            "data"          : "opr=list",
            "dataType"      : "json",
            "success"       : processNewsList
        });
    }
```

```
        function processNewsList(data) {                    // 展示新闻列表
            var $newsList = $("#opt_area>ul").empty();      // 获取新闻列表所在的父容器
            for (var i = 0; i < data.length;) {             // 添加新闻列表
                $newsList.append("<li>" + data[i].ntitle + "<span> 作者： "
                    + data[i].nauthor + "      "
                    + "<a href='#'> 修改 </a>      "
                    + "<a href='#' onclick='return clickdel()'> 删除 </a>"
                    + "</span></li>");
                if ((++i) % 5 == 0) {
                    $newsList.append("<li class='space'></li>");
                }
            }
        }
        initNews(); // 执行新闻列表初始化工作
});
```

（3）修改 NewsServlet 中查询新闻列表的实现，以 JSON 格式输出查询结果，代码如示例 7 所示。

示例 7

```
…… // 省略其他代码
else if ( "list" .equals(opr)) {// 编辑新闻时对新闻的查找
    List<News> list = newsService.findAllNews();
    // 不再封装数据并跳转至 JSP
    // request.getSession().setAttribute("list", list);
    // response.sendRedirect(contextPath + "/newspages/admin.jsp");
    News news = null;
    // 拼装 JSON 数组格式的响应内容
    StringBuffer newsJSON = new StringBuffer("[");
    for (int i = 0;;) {
        news = list.get(i);
        newsJSON.append("{\"nid\":" + news.getNid() + ",");
        newsJSON.append("\"ntitle\":\""
                + news.getNtitle().replace("\"", "&quot;") + "\",");
        newsJSON.append("\"nauthor\":\""
                + news.getNauthor().replace("\"", "&quot;") + "\"}");
        if ((++i) == list.size()) {
            break;
        } else {
            newsJSON.append(",");
        }
    }
    newsJSON.append("]");
    out.print(newsJSON); // 发送响应结果至客户端
} …… // 省略其他代码
```

注意

为了避免内容中的双引号（"）导致 JSON 解析错误，使用 String 的 replace("\"", """) 方法对其进行了转义处理。

程序运行结果如图 6.9 所示。

技能训练

上机练习 4——在 Ajax 中使用 JSON 生成管理员新闻页面

➢ 需求说明

按照示例 5 ~ 示例 7 的需求，使用 $.ajax( ) 方法完成管理员页面新闻列表的初始化工作，使用 JSON 返回列表内容。

提示

参考示例 5 ~ 示例 7 的代码实现。

上机练习 5——在 Ajax 中使用 JSON 生成主题管理页面

➢ 需求说明

（1）在管理员页面单击“编辑主题”链接时，以 Ajax 方式获取主题列表并在管理员页面展示，使用 JSON 返回列表内容，如图 6.10 所示。

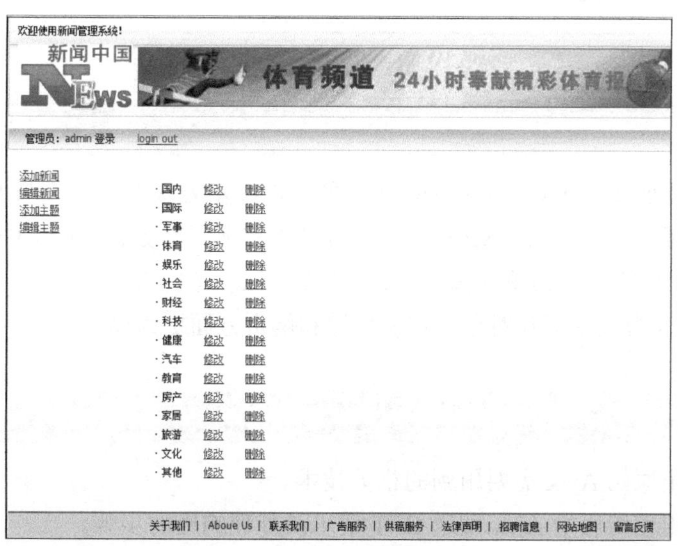

图 6.10　主题管理列表

（2）在管理员页面单击“编辑新闻”链接时，以 Ajax 方式获取新闻列表并在管理员页面展示，使用 JSON 返回列表内容，如图 6.9 所示。

提示

（1）修改 /newspages/console_element/left.html 中的超链接，禁用其直接跳转功能。

```
<a href="../newspages/news_add.jsp"> 添加新闻 </a>
<a href="javascript:;"> 编辑新闻 </a>
<a href="../newspages/topic_add.jsp"> 添加主题 </a>
<a href="javascript:;"> 编辑主题 </a>
```

（2）参考示例 6，在管理员页面的 JavaScript 脚本中编写使用 Ajax 加载主题列表的方法，并注册到超链接的单击事件。

```
function initTopics() {// 使用 Ajax 技术获取主题列表数据
    $.ajax({
        …… // 省略部分代码
    });
}
…… // 省略部分代码
var $leftLinks = $("#opt_list a");          // 获取页面左侧功能链接
$leftLinks.eq(3).click(initTopics);         // 为 "编辑主题" 链接注册单击事件
$leftLinks.eq(1).click(initNews);           // 为 "编辑新闻" 链接注册单击事件
```

（3）参考示例 7 修改 TopicServlet 中查询主题列表的功能实现，以 JSON 数组格式返回响应内容。

（4）因为以 Ajax 方式在管理员页面完成了主题列表的加载，故原 /newspages/topic_list.jsp 不再使用，可以删除。

本章总结

- Ajax 通过使用 XMLHttpRequest 对象，以异步方式在客户端与服务器之间传递数据，并结合 JavaScript、CSS 等技术实现局部更新当前页面。
- jQuery 封装了 Ajax 的基础实现，提供了 $.ajax( ) 方法。
- JSON 作为数据交互对象，在值传递和解析方面更为简便。

本章练习

1．请写出原始 Ajax 需要用到的相关技术。

2．请写出使用原始 Ajax 发送 GET 请求及处理响应的步骤。

3．简述 $.ajax( ) 方法中各属性的类型及作用。

4．编写一个 Java 程序，从服务器端获取一段表示个人档案的 JSON 字符串，使用 jQuery 解析该字符串，并动态添加到列表中，效果如下。

姓名：汪洋
年龄：21
性别：男
职业：学生
住址：北京市海淀区上地西里 x 号楼 x 单元 x 号
电话：136xxxxxxxx

随手笔记

第 7 章

jQuery 的 Ajax 交互扩展

技能目标

- ❖ 掌握 jQuery 实现 Ajax 的更多方法
- ❖ 掌握 jQuery 解析表单数据的方法
- ❖ 会使用 FastJSON 生成 JSON 字符串的方法
- ❖ 掌握解决 jQuery 与其他脚本库冲突的方法

本章任务

学习本章，需要完成以下 5 个工作任务。记录学习过程中遇到的问题，可以通过自己的努力或访问 kgc.cn 解决。

任务 1：掌握更多 jQuery 实现 Ajax 的方法

任务 2：通过 Ajax 请求直接加载新闻和主题页面

任务 3：通过 Ajax 请求发表评论

任务 4：使用 FastJSON 生成 JSON 格式数据

任务 5：掌握 jQuery 让渡“$”操作符的方法

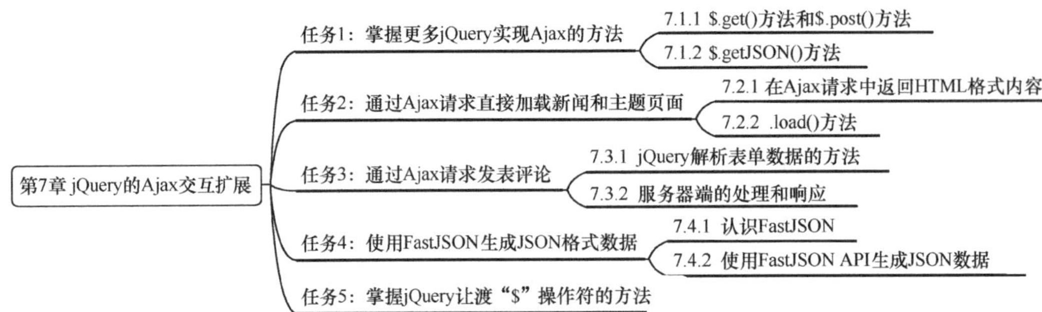

任务1 掌握更多 jQuery 实现 Ajax 的方法

前面章节中介绍了如何使用原生 JavaScript 实现 Ajax 技术来提升用户体验。由于通过原生 JavaScript 实现 Ajax 并处理响应相对比较复杂，还要考虑浏览器兼容性等一系列问题，jQuery 中将 Ajax 相关的操作进行了封装，提供了 $.ajax( ) 方法以简化 Ajax 开发。

除了 $.ajax( ) 方法以外，jQuery 还提供了几种更简单的 Ajax 实现方法，如 $.get( )、$.post( )、$.getJSON( )、对象 .load( ) 等方法，下面介绍它们的具体用法。

7.1.1 $.get() 方法和 $.post() 方法

1．$.get( ) 方法

$.get( ) 方法是 jQuery 封装的发送 HTTP GET 请求并从服务器加载数据的 Ajax 方法，具体语法如下。

语法

```
$.get(url[,data][,success][,dataType]);
```

该方法的详细参数说明如表 7-1 所示。

表7-1 $.get( )方法的常用参数

参　数	类　型	说　明
url	String	必选，规定将请求发送到哪个URL
data	PlainObject或String	可选，规定连同请求发送到服务器的数据
success	Function(PlainObject data, String textStatus, jqXHR jqxhr)	可选，请求成功后调用的函数 参数data：可选，表示服务器返回的结果数据 参数textStatus：可选，描述请求状态的字符串 参数jqxhr：可选，jqXHR是XMLHttpRequest的超集 如果指定了dataType，则必须提供此参数。如果没有任务需要处理，可以使用null或jQuery.noop( )空方法作为占位符
dataType	String	可选，预期服务器返回的数据类型，可用类型有XML、HTML、SCRIPT、JSON、JSONP、Text

了解了 $.get( ) 方法的常用参数，接下来就以实现用户名验证功能为例，对比 $.ajax() 方法，使用 $.get( ) 方法实现 Ajax 异步验证用户名，如示例 1 所示。

示例 1

```
$(document).ready(function() {
    $("#name").blur(function() { // “用户名” 文本框失去焦点事件
        var name = this.value;
        if (name == null || name == "") {
            $("#nameDiv").html(" 用户名不能为空！ ");
        } else {
            $.get("userServlet", "name="+name, callBack); // 发送请求

            // 响应成功时的回调函数
            function callBack(data) {
                if (data == "true") {
                    $("#nameDiv").html(" 用户名已被使用！ ");
                } else {
                    $("#nameDiv").html(" 用户名可以使用！ ");
                }
            }//end of callBack()
        }
    });//end of blur()
});
```

通过以上代码可以发现，$.get( ) 方法的调用非常简洁，该调用等价于如下代码。

```
$.ajax({
    "url"       : "userServlet",
    "data"      : "name="+name,
    "type"      : "GET",
    "success”   : callBack
});
…… // 省略 callBack( ) 回调方法
```

2. $.post( ) 方法

$.post( ) 是 jQuery 封装的发送 HTTP POST 请求并从服务器加载数据的 Ajax 方法，具体语法如下。

语法

```
$.post(url[,data][,success][,dataType]);
```

该方法的详细参数与 $.get( ) 方法相同，如表 7-2 所示。

使用 $.post( ) 方法实现 Ajax 异步验证用户名的代码如示例 2 所示。

表7-2 $.post( )方法的常用参数

参数	类型	说明
url	String	必选，规定将请求发送到哪个URL
data	PlainObject或String	可选，规定连同请求发送到服务器的数据
success	Function(PlainObject data, String textStatus, jqXHR jqxhr)	可选，请求成功后调用的函数 参数data：可选，表示服务器返回的结果数据 参数textStatus：可选，描述请求状态的字符串 参数jqxhr：可选，jqXHR是XMLHttpRequest的超集 如果指定了dataType，则必须提供此参数，但是可以使用null作为占位符
dataType	String	可选，预期服务器返回的数据类型，可用类型有XML、HTML、SCRIPT、JSON、JSONP、Text

示例 2

```
$(document).ready(function() {
  $("#name").blur(function() { // “用户名” 文本框失去焦点事件
      var name = this.value;
      if (name == null || name == "") {
              $("#nameDiv").html(" 用户名不能为空！ ");
      } else {
              $.post("userServlet", "name="+name, callBack); // 发送请求

              // 响应成功时的回调函数
              function callBack(data) {
                if (data == "true") {
                      $("#nameDiv").html(" 用户名已被使用！ ");
                } else {
                      $("#nameDiv").html(" 用户名可以使用！ ");
                }
              }//end of callBack()
      }
  });//end of blur()
});
```

使用 $.post( ) 方法实现 Ajax 的功能等价于如下代码。

```
$.ajax({
  "url"       : "userServlet",
  "data"      : "name="+name,
  "type"      : "POST",
  "success"   : callBack
```

```
});
…… // 省略 callBack( ) 回调方法
```

技能训练

上机练习 1——使用 $.get( ) 和 $.post( ) 方法实现异步验证注册邮箱

➢ 需求说明

（1）当注册邮箱文本框失去焦点时，发送请求到服务器。如果邮箱已存在则提示“该邮箱已被注册”。

（2）分别使用 $.get( ) 和 $.post( ) 方法重新实现此功能。

7.1.2　$.getJSON() 方法

由于在使用 Ajax 技术实现异步请求时，经常采用 JSON 数据格式作为响应内容的载体，为了简化此种情形下的方法调用，jQuery 提供了 $.getJSON( ) 方法，具体语法如下。

语法

```
$.getJSON(url[,data][,success]);
```

该方法的详细参数说明如表 7-3 所示。

表7-3　$.getJSON( )方法的常用参数

参　数	类　型	说　明
url	String	必选，规定将请求发送到哪个URL
data	PlainObject或String	可选，规定连同请求发送到服务器的数据
success	Function(PlainObject data, String textStatus, jqXHR jqxhr)	可选，请求成功后调用的函数 参数data：可选，表示服务器返回的结果数据 参数textStatus：可选，描述请求状态的字符串 参数jqxhr：可选，jqXHR是XMLHttpRequest的超集

使用 $.getJSON( ) 方法实现异步加载管理员页面的新闻列表功能如示例 3 所示。

示例 3

```
$(document).ready(function() {
    function initNews() { // 使用 Ajax 技术获取新闻列表数据
        $.getJSON("../util/news", "opr=list", processNewsList);
    }
    function processNewsList(data) { // 展示新闻列表
        var $newsList = $("#opt_area>ul").empty();
        …… // 省略将 JSON 数据展示成列表的代码
    }
    initNews(); // 执行新闻列表初始化工作
    …… // 省略其他部分代码
});
```

$.getJSON( ) 方法也是 $.ajax( ) 方法的简写形态，与以下代码是等价的。

```
$.ajax({
    "url"           : "../util/news",
    "type"          : "GET",
    "data"          : "opr=list",
    "dataType"      : "JSON",
    "success"       : processNewsList
});
```

或者

```
$.get("../util/news", "opr=list", processNewsList, "JSON");
```

注意

$.getJSON( ) 方法只能以 GET 方式发送请求。

技能训练

上机练习 2——使用 $.getJSON( ) 方法加载管理员页面主题列表

➢ 需求说明

（1）在管理员页面单击“编辑主题”链接时，以 Ajax 方式获取主题列表并在管理员页面展示，使用 JSON 返回列表内容。

（2）使用 $.getJSON( ) 方法实现。

任务 2 通过 Ajax 请求直接加载新闻和主题页面

7.2.1 在 Ajax 请求中返回 HTML 格式内容

在前面介绍的 Ajax 实现中，复杂结构的响应数据由服务器通过 JSON 格式发送，客户端接收后再经过 JavaScript 提取数据并构建 HTML 文档结构进行展示。

除此之外，服务器端还可以直接产生 HTML 格式的响应结果，客户端则可以将响应结果直接套用在现有页面中。下面仍以加载管理员页面的新闻列表为例展示此种实现方式，供大家了解。了解两种响应格式的区别请扫描二维码。

加载 HTML 内容

首先修改管理员页面通过 Ajax 获取新闻列表的 JavaScript 脚本，如示例 4 所示。

示例 4

```
$(document).ready(function() {
    function initNews() {// 使用 Ajax 技术获取新闻列表数据
        $.ajax({
            "url"          : "../util/news",
            "type"         : "GET",
            "data"         : "opr=listHtml",
            "dataType"     : "html",
            "success"      : processNewsList
        });
    }
    function processNewsList(data) {// 展示新闻列表
        $("#opt_area>ul").html(data);
    }
    …… // 省略其他代码
});
```

注意

在回调方法 processNewsList( ) 中，没有对响应结果 data 做任何处理，而是将其直接设置成列表的内容。

调整 NewsServlet 中的相关功能实现，以 HTML 元素的格式构建响应内容，如示例 5 所示。

示例 5

```
…… // 省略其他代码
else if ("listHtml".equals(opr)) {// 编辑新闻时对新闻的查找
    List<News> list = newsService.findAllNews();
    News news = null;
    StringBuffer newsList = new StringBuffer("");
    for (int i = 0; i < list.size();) {
        news = list.get(i);
        newsList.append("<li>" + news.getNtitle() + "<span> 作者： "
                + news.getNauthor() + "      "
                + "<a href='#'> 修改 </a>      "
                + "<a href='#' onclick='return clickdel()'> 删除 </a>"
                + "</span></li>");
        if ((++i) % 5 == 0) {
            newsList.append("<li class='space'></li>");
        }
    }
```

```
        out.print(newsList); // 输出结果到客户端
    } …… // 省略其他代码
```

NewsServlet 中按照页面展示需要，直接生成列表 <li> 的内容，客户端可以直接使用。或者为了避免在 NewsServlet 中编写大量构建 HTML 内容的代码，还可以将查询结果发送至专门的展示页面生成 HTML 内容，如示例 6 所示。

示例 6

NewsServlet 中的关键代码：

```
…… // 省略其他代码
 else if ("listHtml".equals(opr)) {// 编辑新闻时对新闻的查找
     List<News> list = newsService.findAllNews();
     request.setAttribute("list", list);
     request.getRequestDispatcher("/newspages/showNews.jsp")
              .forward(request, response);
} …… // 省略其他代码
```

/newspages/showNews.jsp 中的全部代码如下所示。

```
<%@ page language="java" pageEncoding="utf-8"%>
<%@ taglib prefix="c" uri="  http://java.sun.com/jsp/jstl/core" %>
<c:forEach items="${requestScope.list}" var="news" varStatus="i">
    <li>${news.ntitle}<span> 作者： ${news.nauthor}     
    <a href='#'> 修改 </a>     
    <a href='#' onclick='return clickdel()'> 删除 </a> </span> </li>
    <c:if test="${i.count % 5 == 0}">
        <li class='space'></li>
    </c:if>
</c:forEach>
```

注意

showNews.jsp 中仅包括客户端展示数据所需的 <li> 元素，没有其他页面结构，showNews.jsp 产生的 HTML 内容将作为响应发送回客户端，直接嵌入页面中使用。

技能训练

上机练习 3——在 Ajax 中直接返回 HTML 内容生成主题管理页面

➢ 需求说明

（1）在管理员页面单击“编辑主题”链接时，以 Ajax 方式获取主题列表并在管理员页面展示，直接使用 <li> 元素返回列表内容。

（2）在 TopicServlet 或者 JSP 页面中生成 HTML 内容。

提示

参考示例 4 ~ 示例 6 的代码实现。

7.2.2 .load() 方法

对于通过 Ajax 请求直接加载 HTML 内容到当前页面的使用场景，jQuery 也提供了一个 .load( ) 方法作为简易实现。该方法通过发送 Ajax 请求从服务器加载数据，并把响应的数据直接添加到指定的元素中。其具体语法如下。

语法

```
$(selector).load(url[,data][,complete]);
```

该方法参数的详细说明如表 7-4 所示。

表7-4 .load( )方法的常用参数

参数	类型	说明
url	String	必选，规定将请求发送到哪个URL
data	PlainObject或String	可选，规定连同请求发送到服务器的数据
complete	Function(String responseText, String textStatus, jqXHR jqxhr)	可选，对每个匹配的元素设置完内容后都会触发该函数 参数responseText：可选，表示服务器返回的结果数据 参数textStatus：可选，描述请求状态的字符串 参数jqxhr：可选，jqXHR是XMLHttpRequest的超集

该方法默认使用 GET 方法发送请求。除非提供的 data 参数是一个对象，则使用 POST 方法发送。

该方法是最简单的从服务器获取数据的 Ajax 方法，它几乎与 $.get(url, data, success) 方法等价。不同的是它不是全局函数，而是针对与选择器匹配的元素执行，并且它拥有匿名的回调函数，当请求成功后，.load( ) 方法自动将返回的数据设置为匹配元素的 HTML 内容。例如，在上一节案例的基础上，使用 .load( ) 方法实现直接为管理员页面加载服务器生成的新闻列表，如示例 7 所示。

示例 7

```
$(document).ready(function() {
  function initNews() { // 使用 Ajax 技术获取新闻列表数据
      $("#opt_area>ul").load("../util/news", "opr=listHtml");
  }
  initNews(); // 执行新闻列表初始化工作
  …… // 省略其他部分代码
});
```

以上代码实现了异步发送 GET 请求到服务器端，并且当服务器端成功返回列表数据时，自动将 HTML 格式的结果隐式地添加到调用 load( ) 方法的 jQuery 对象中。黑体部分的代码等价于。

```
$.get("../util/news", "opr=listHtml", function(data) {
  $("#opt_area>ul").html(data);
});
```

知识扩展

.load( ) 方法还可以仅加载远程文档的某个部分，通过 url 参数的特殊语法可以实现。url 参数中可以通过空格连接决定加载内容的 jQuery 选择器，如以下代码：

```
$("#result").load("article.html #target");
```

jQuery 会取回 article.html 的内容，然后解析返回的文档，查找 id 为 target 的元素。该元素连同其内容会被插入 id 为 result 的元素，所取回文档的其他部分则被丢弃。

以上介绍的 $.get( )、$.post( )、$.getJSON( )、.load( ) 等常用 Ajax 方法都是基于 $.ajax( ) 方法封装的，相比于 $.ajax( ) 方法更加简洁、方便。通常情况下，对于一般的 Ajax 功能需求使用以上 Ajax 方法即可满足，如果需要更多的灵活性，则可以使用 $.ajax( ) 方法指定更多参数。

技能训练

上机练习 4——使用 .load( ) 方法为管理员页面加载服务器生成的主题列表

➢ 需求说明

在管理员页面单击“编辑主题”链接时，以 .load( ) 方法获取服务器生成的主题列表，并在管理员页面展示。

任务 3 通过 Ajax 请求发表评论

在与服务器的交互过程中，经常会使用表单收集用户输入信息。而在使用 Ajax 技术发送表单数据时，将众多表单元素的数据构造成符合规范的请求字符串却是一件烦琐的事情。接下来就以发表评论功能为例，介绍表单数据处理中的常用方法。了解 Ajax 技术实现评论功能的优势请扫描二维码。

使用 Ajax 实现评论的优点

提供新闻阅读及评论功能的 /newspages/news_read.jsp 运行效果如

图 7.1 所示。

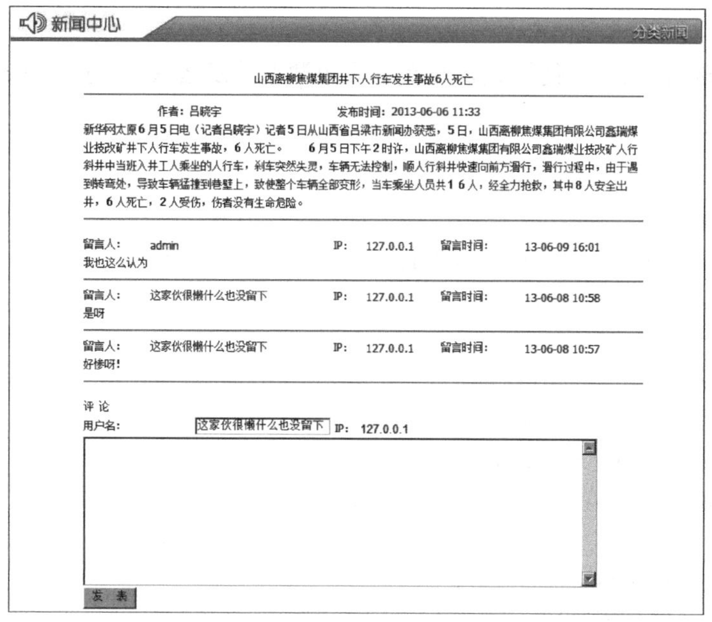

图 7.1　新闻阅读及评论页面

使用 Ajax 技术实现发表评论功能的要求如下。

（1）单击“发表”按钮，将评论相关的数据以 Ajax 方式发送到服务器处理。

（2）因使用 Ajax 技术，服务器保存评论数据后，仅需反馈执行结果，无需跳转至新闻查询和展示功能页面。

（3）客户端收到服务器反馈后，如果评论发表成功，操作页面 DOM 元素，将评论数据添加到评论列表顶端；若发表失败，则显示相应提示信息。

下面来对各功能进行具体实现。

7.3.1　jQuery 解析表单数据的方法

因为要使用 Ajax 技术改造评论功能，首先修改表单，不再通过传统提交方式发送数据，如示例 8 所示。

示例 8

```
<ul class="classlist">
  <form action="" method="post">
    <input type="hidden" id="nid" name="nid" value="${news.nid}" />
    <table width="80%" align="center">
        …… // 省略部分表单元素
      <tr><td>
        <input id="commentSubmit" name="submit" value=" 发　表 " type= "button"/>
      </td></tr>
```

```
    </table>
  </form>
</ul>
```

编写 JavaScript 脚本，使用 jQuery 提取表单数据并发送 Ajax 请求，如示例 9 所示。

示例 9

```
$(document).ready(function() {
  var $formArea = $("ul.classlist").eq(2);    // 定位表单所在区域
  var $commentInputs = $formArea.find(":input"); // 获取所有表单元素
  var $commentArea = $formArea.prev("ul").children(); // 获取评论展示区域

  $("#commentSubmit").click(function() { // “发表” 按钮的单击事件
        var paramsArray = $commentInputs.serializeArray();          // 将表单编码成数组格式
        var queryString = $.param(paramsArray); // 将数据序列化成请求字符串
        $.post("util/news?opr=addComment", queryString, afterComment, "JSON");

        function afterComment(data) {
             // 回调方法暂不实现
        }
  });
});
```

jQuery 的 .serializeArray( ) 方法会从一组表单元素中检测有效控件，将其序列化成由 name 和 value 两个属性构成的 JSON 对象的数组。其中有效控件的规则包括。

- 元素不能被禁用。
- 元素必须有 name 属性。
- 选中的 checkbox 才是有效的。
- 选中的 radio 才是有效的。
- 只有触发提交事件的 submit 按钮才是有效的。
- file 元素不会被序列化。

以发表评论的表单为例，.serializeArray( ) 方法对其有效控件进行序列化的结果如下所示。

```
[
   {
       name: "nid",
       value: " 隐藏域 nid 的 value"
   },
   {
       name: "cauthor",
```

```
            value: " 文本框 cauthor 的 value"
        },
        {
            name: "cip",
            value: " 文本框 cip 的 value"
        },
        {
            name: "ccontent",
            value: " 文本框 ccontent 的 value"
        }
    ]
```

在此结果基础上可以进行表单验证等工作。

如果要发送数据到服务器，还需进一步将数据序列化成请求字符串的形式，可以通过 $.param( ) 方法实现。序列化的结果如下所示。

```
nid= 元素的值 &cauthor= 元素的值 &cip= 元素的值 &ccontent= 元素的值
```

以上结果就可以随 Ajax 请求发送到服务器了。

知识扩展

jQuery 还提供了一种更简便的方式来实现将表单序列化成请求字符串的功能，即对表单元素调用 .serialize( ) 方法。

```
$commentInputs.serialize();
```

实际上，.serialize( ) 方法内部就是使用 $.param( ) 方法对 .serializeArray( ) 方法做了一个简单包装，对于不需要中间环节的情景，可以更方便地完成表单数据的序列化。

7.3.2　服务器端的处理和响应

评论数据随 Ajax 请求发送到服务器后，服务器端相关功能的实现相应的调整如下。

示例 10

```
response.setContentType("text/html;charset=UTF-8");
PrintWriter out = response.getWriter();
…… // 省略部分代码
try {
    if (opr.equals("addComment")) { // 添加评论
        String cauthor = request.getParameter("cauthor");
        …… // 省略部分从请求中取值的代码
        Comment comment = new Comment();
```

```
            …… // 省略封装 comment 对象的代码
            String result = ""; // 存储执行结果，需要发送回客户端
            try {
                commentsService.addComment(comment);
                result = "success"; //"success" 表示执行成功
            } catch (Exception e) {
                result = " 评论添加失败！请联系管理员查找原因 "; // 失败则记录错误提示
            }
            DateFormat df = new SimpleDateFormat("yyyy-MM-dd HH:mm:ss");
            out.print("[{\"result\":\"" + result + "\", \"cdate\":\""
                                + df.format(comment.getCdate()) + “\” }]” );
        } …… // 省略其他功能实现
    } catch (Exception e) {
        e.printStackTrace();
    }
    out.flush();
    out.close();
```

服务器端处理后不再进行跳转，直接将结果及评论发表日期以 JSON 格式返回客户端。响应数据格式如下。

```
[ { "result" : " 执行结果 " , "cdate" : " 评论发表时间 " } ]
```

客户端接收到响应结果后进行判断，如果执行成功，则将新评论添加到评论列表开头，否则提示错误信息。

示例 11

```
function afterComment(data) {
    if (data[0].result == "success") { // 发表成功，将评论添加到评论列表开头
        // 使用模板构建一条新评论
        var $newComment = $("<tr><td> 留言人 : </td><td>cauthor</td>”
            + "<td> IP : </td><td>cip</td>"
            + "<td> 留言时间 : </td><td>cdate</td></tr>"
            + "<tr><td colspan=\"6\">ccontent</td></tr>"
            + "<tr><td colspan=\"6\"><hr /></td></tr>");
        // 将模板中的关键字替换为具体数据，部分数据来自序列化表单得到的 paramsArray
        $(paramsArray).each(function() {
        // 根据变量名查找关键字并替换为相应的值
            $newComment.find("td:contains('"+this.name+"')")
                        .text(this.value);
        });
        $newComment.find("td:contains('cdate')").text(data[0].cdate);
        $commentArea.prepend($newComment);    // 将新评论添加到列表开头
    } else {                                  // 发表失败则提示错误信息
        alert(data[0].result);
```

```
    }
}
```

技能训练

上机练习 5——使用 Ajax 实现无刷新的新闻评论功能

➢ 需求说明

（1）参考示例 8 ～示例 11，使用 Ajax 技术实现无刷新的新闻评论功能。

（2）使用 jQuery 提供的方法序列化表单数据。

任务 4 使用 FastJSON 生成 JSON 格式数据

JSON 数据格式被广泛运用于客户端与服务器之间的数据传递过程中，在使用 Ajax 技术对新闻发布系统部分功能进行改造时，也使用了 JSON 格式的响应，方便了复杂格式数据的传递和解析。但在实现过程中，服务器端需要按照 JSON 的语法对数据进行拼接，这是一个烦琐且易出错的过程，出现语法错误也不好排查，所以接下来我们将使用 FastJSON 工具来简化这一工作。

7.4.1 认识 FastJSON

FastJSON 是一个由 Java 语言实现的性能很好的 JSON 解析器和生成器，来自阿里巴巴。其代码托管在 GitHub 服务器上，在 https://github.com/alibaba/fastjson/releases 页面可以找到其不同版本的 jar 文件和源代码下载路径。

FastJSON 提供了把 Java 对象序列化成 JSON 字符串，以及将 JSON 字符串反序列化得到 Java 对象的功能。根据需要，我们主要了解将 Java 对象序列化成 JSON 字符串的功能。

7.4.2 使用 FastJSON API 生成 JSON 数据

FastJSON API 的入口类是 com.alibaba.fastjson.JSON，基本上常用的操作都可以通过该类的静态方法直接完成。其中，用于将 Java 对象序列化成 JSON 字符串的常用方法如下。

➢ public static String toJSONString(Object object)：该方法将 Java 对象序列化成 JSON 字符串。

➢ public static String toJSONString(Object object, boolean prettyFormat)：prettyFormat 为 true 时将产生带格式的 JSON 字符串；prettyFormat 为 false，则与 toJSONString(Object object) 相同。

➢ public static String toJSONString(Object object, SerializerFeature... features)：可以通过 features 参数指定更多序列化规则，常用规则将在下文中介绍。

➢ public static String toJSONStringWithDateFormat(Object object, String dateFormat,

SerializerFeature... features)：可以通过 dateFormat 参数指定日期类型的输出格式。

枚举类型 SerializerFeature 中定义了多种序列化属性，可以根据需要使用。常用的属性及其说明列举如下。

- QuoteFieldNames：输出 JSON 的字段名时使用双引号，默认即使用。
- WriteMapNullValue：输出值为 null 的字段，默认不输出。
- WriteNullListAsEmpty：将值为 null 的 List 字段输出为 [ ]。
- WriteNullStringAsEmpty：将值为 null 的 String 字段输出为“”。
- WriteNullNumberAsZero：将值为 null 的数值字段输出为 0。
- WriteNullBooleanAsFalse：将值为 null 的 Boolean 字段输出为 false。
- SkipTransientField：忽略 transient 字段，默认即忽略。
- PrettyFormat：格式化 JSON 字符串，默认不格式化。

例如，序列化时要包含值为 null 的字段，且数值为 null 输出为 0，String 为 null 输出为“”，可以按如下方式调用。

```
String json = JSON.toJSONString(someData, SerializerFeature.WriteMapNullValue,
SerializerFeature.WriteNullNumberAsZero,
SerializerFeature.WriteNullStringAsEmpty);
```

提示

更多序列化属性的作用可以通过阅读 FastJSON 的文档进行了解。

了解了 FastJSON 的常用 API，接下来改造管理员界面获取新闻列表功能的实现，服务器端以 JSON 格式返回新闻数据，并使用 FastJSON 简化服务器端生成 JSON 字符串的工作。NewsServlet 中的关键代码如示例 12 所示。

示例 12

```
…… // 省略其他代码
else if ("list".equals(opr)) { // 编辑新闻时对新闻的查找
    List<News> list = newsService.findAllNews();
    String newsJSON = JSON.toJSONStringWithDateFormat(list,
                                    "yyyy-MM-dd HH:mm:ss");
    out.print(newsJSON);
} …… // 省略其他代码
```

客户端脚本接收 JSON 格式的响应并解析展示的代码此处省略。

可以看出，服务器端生成 JSON 字符串的工作量得到了极大简化，且不易发生错误。

技能训练

上机练习 6——使用 FastJSON 改造管理员页面加载主题列表功能

➢ 需求说明

（1）在管理员页面单击“编辑主题”链接时，以 Ajax 方式获取主题列表并在管理员页面展示，使用 JSON 返回列表内容。

（2）使用 FastJSON 生成 JSON 格式的响应字符串。

任务 5 掌握 jQuery 让渡“$”操作符的方法

在 jQuery 中，“$”符号有着重要的作用。除了 jQuery，还有其他一些 JavaScript 脚本库也使用了“$”符号，当项目开发中因为某些原因同时使用了 jQuery 和另一个同样使用“$”符号的脚本库，就会产生冲突。在以下代码中，Prototype 库的“$”符号会覆盖 jQuery 的“$”符号。

```
<script type="text/javascript" src="../js/jquery-1.12.4.min.js" />
<script type="text/javascript" src="../js/prototype.js" />
```

而以下代码中，jQuery 的“$”符号会覆盖 Prototype 库的“$”符号。

```
<script type="text/javascript" src="../js/prototype.js" />
<script type="text/javascript" src="../js/jquery-1.12.4.min.js" />
```

为了使 jQuery 能够与其他同样使用“$”符号的脚本库协同工作，jQuery 定义了 jQuery.noConflict( ) 方法，放弃了对“$”符号的使用权，并可以通过返回值指定一个替代符号，如示例 13 所示。

示例 13

```
jQuery.noConflict(); // 让渡 “$” 的使用权， 后续 jQuery 代码中只能使用 jQuery 代替 $
jQuery("#show").click(...);
```

或者重新指定一个替代的符号：

```
var $j = jQuery.noConflict(); // 让渡 “$” 的使用权， 并指定用 “$j” 代替 “$”
$j("#show").click(...);
```

但是无论采用哪种方式，都会改变 jQuery 的编码风格，不仅更加烦琐，而且对于已有 jQuery 代码的重用也会产生不利影响。

为了在解决冲突的同时尽量减少对 jQuery 代码的影响，建议使用如示例 14 所示的处理方法。

示例 14

```
jQuery.noConflict(); // 让渡 “$” 的使用权， 其他脚本库可以使用 “$”
jQuery(document).ready(function($) {
  // 在此代码块中可以继续使用 “$” 编写 jQuery 代码
  ...... // 省略其他代码
});
```

或者

```
jQuery.noConflict(); // 让渡 "$" 的使用权，其他脚本库可以使用 "$"
(function($){
   // 在此代码块中可以继续使用 "$" 编写 jQuery 代码
   $(document).ready(function() {
         ...... // 省略其他代码
   });
})(jQuery);
```

本章总结

- jQuery 在 $.ajax( ) 的基础上，提供了 $.get( )、$.post( )、$.getJSON( ) 和 .load( ) 等 Ajax 方法。
- .load( ) 方法可以将服务器返回的内容直接添加到元素中。
- 使用 .serializeArray( ) 方法和 $.param( ) 方法可以实现对表单数据的序列化，还可以使用更简便的 .serialize( ) 方法。
- 通过 FastJSON 的相关 API 可以简化服务器端生成 JSON 字符串的代码。
- $.parseJSON( ) 方法用来将 JSON 格式字符串解析为 JSON 对象。
- 当 jQuery 与其他同样使用"$"符号的脚本库共用时，需要注意冲突问题。对此 jQuery 提供了 jQuery.noConflict( ) 方法来解决冲突。

本章练习

1．请写出 $.get( )、$.post( )、$.getJSON( )、.load( ) 的调用方法及与 $.ajax( ) 方法的关系。

2．请写出 jQuery 解析表单的常用方法及其作用。

3．简述 jQuery 和其他脚本库冲突的解决办法。

4．改造第 6 章练习 4，服务器端使用 FastJSON 生成 JSON 数据。

5．改造第 6 章练习 4，服务器端直接生成列表内容，客户端使用 .load( ) 方法加载。

第 8 章

项目实战——使用 Ajax 技术改进新闻发布系统

技能目标

- ❖ 会使用 jQuery 提供的方法实现 Ajax 请求
- ❖ 会使用 JSON 封装响应数据
- ❖ 会使用 FastJSON 生成 JSON 字符串
- ❖ 会使用 .load() 方法加载页面内容
- ❖ 能够解决 jQuery 和其他脚本库冲突的问题

本章任务

学习本章，需要完成以下 2 个工作任务。记录学习过程中遇到的问题，可以通过自己的努力或访问 kgc.cn 解决。

任务 1：理解项目需求

任务 2：使用 Ajax 技术改造新闻发布系统

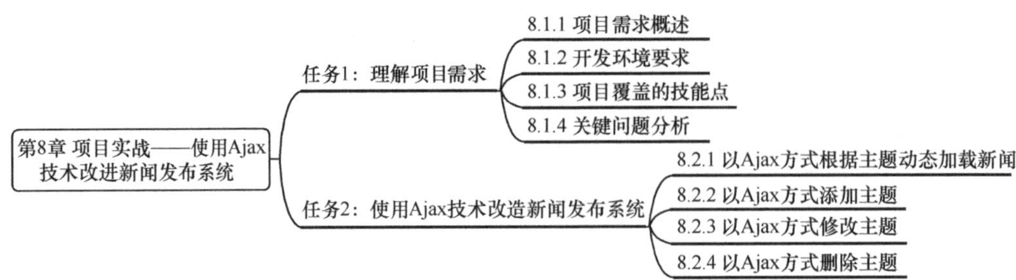

任务 1 理解项目需求

8.1.1 项目需求概述

在现有新闻发布系统的基础上，使用 Ajax 技术对部分功能的实现进行改造，优化请求响应过程并提升用户体验。具体要求如下。

- 使用 Ajax 技术改进系统首页新闻中心，按主题动态显示新闻功能。
- 使用 Ajax 技术改进添加主题功能。
- 使用 Ajax 技术改进修改主题功能。
- 使用 Ajax 技术改进删除主题功能。

8.1.2 开发环境要求

- 开发工具：MyEclipse 10.7。
- Web 服务器：Tomcat 7.0。
- 数据库：MySQL 5.5。

8.1.3 项目覆盖的技能点

- 会使用 jQuery 提供的方法实现 Ajax 请求。
- 会使用 JSON 封装响应数据。
- 会使用 FastJSON 生成 JSON 字符串。
- 会使用 .load( ) 方法加载页面内容。
- 能够解决 jQuery 和其他脚本库冲突的问题。

8.1.4 关键问题分析

1. 系统开发步骤

（1）明确需求。

（2）编码顺序。

① 按主题动态显示新闻功能。

② 添加主题功能。
③ 修改主题功能。
④ 删除主题功能。
（3）测试。

2. **界面交互性设计的原则**

- 统一性原则：界面风格统一，用相同方式展现相同类型的数据，如日期类型。交互风格统一，用相同方式完成相同类型的操作。
- 美观性原则：界面简洁、大方。
- 易用性原则：操作方式自然、易理解。

3. **技术实现**

- 使用 jQuery 的方法实现 Ajax 请求。
- 使用 JSON 封装数据。
- 使用 FastJSON 生成 JSON 字符串。
- 使用 .load( ) 方法加载服务器端页面内容。

任务 2 使用 Ajax 技术改造新闻发布系统

系统首页新闻中心部分使用 Ajax 技术按主题动态显示新闻功能，根据条件加载全部主题或某个主题下的新闻，并使用 Ajax 技术实现分页显示。使用 Ajax 技术加载添加主题页面，并以 Ajax 方式实现添加主题功能，以及用 Ajax 技术实现主题的修改和删除。

8.2.1 以 Ajax 方式根据主题动态加载新闻

1. **需求介绍**

访问系统首页，以 Ajax 方式加载页面“新闻中心”部分的新闻列表，默认加载所有主题下的新闻，按创建时间降序排列，并实现分页，如图 8.1 所示。

单击某个主题的超链接时，以 Ajax 方式加载该主题下的新闻，按创建时间降序排列，并实现分页。

2. **实现思路**

（1）实现数据访问层

需求中存在两个分页查询的要求：对所有主题下的新闻进行分页查询，以及对某个主题下的新闻进行分页查询。实际上，这两个查询对于 SQL 语句而言，仅相差一个主题 id 的查询条件，故而考虑将两个查询进行整合设计。

新闻中心

国内 国际 军事 体育 娱乐 社会 财经 科技 健康 汽车 教育
房产 家居 旅游 文化 探索 另类

· 《新恋爱时代》登东方卫视 的《非诚》元素遭删除 2013-06-06 11:44:50
· 《致命黑兰》佐伊坐拥7种武器 暴力登陆全国院线 2013-06-06 11:44:22
· "星跳水立方"决战临近 陈楚生被华谊要求进前三 2013-06-06 11:44:03
· 步行者崩盘主要原因在哪 解决3问题能发起更强挑战 2013-06-06 11:43:34
· 高中女生邀帕森斯参加舞会 高富帅租豪车护花 2013-06-06 11:42:23

· 美男篮邀请考辛斯参加训练营 厄文小乔丹同获邀 2013-06-06 11:41:45
· "奶粉大盗"穿女人紧身裤作案 裤裆藏货偷20多罐 2013-06-06 11:41:03
· 男子用微信"摇一摇"寻找女网友 见面劫财又劫色 2013-06-06 11:40:18
· 美国学者公开指责奥巴马对台政策变"沉默" 2013-06-06 11:38:48
· 巴基斯坦中国制ZDK—03预警机和枭龙大批服役 2013-06-06 11:38:26

· 朱成虎：中美两国均有加强军事合作的意愿 2013-06-06 11:38:01
· 菲律宾称仁爱礁是中国在南海的立足点 2013-06-06 11:37:27
· 我军少将：中印两国不会因领土争端大打出手 2013-06-06 11:36:58
· 习近平在墨国会发表演讲:朋友要老 好酒要陈 2013-06-06 11:36:24
· 普京逮捕铁腕市长展示肌肉向世人表明克宫仍大权在握 2013-06-06 11:35:44

当前页数:[1/4] 下一页 末页

图 8.1 分页展示全部类别的新闻

修改 NewsDao 接口中分页查询相关方法的设计，加入主题 id 参数。

```
public interface NewsDao {
    …… // 省略其他方法
    // 获得新闻总数
    public int getTotalCount(Integer tid) throws SQLException;
    // 分页获得新闻
    public List<News> getPageNewsList(Integer tid,
                        int pageNo, int pageSize) throws SQLException;
}
```

在其实现类 NewsDaoImpl 中根据传入参数 tid 是否有效，动态拼装 SQL 语句和查询条件。

```
public class NewsDaoImpl extends BaseDao implements NewsDao {
    public NewsDaoImpl(Connection conn) {
        super(conn);
    }
    …… // 省略其他方法
    // 获得新闻的数量
    public int getTotalCount(Integer tid) throws SQLException {
        ResultSet rs = null;
        List<Object> params = new ArrayList<Object>();
        String sql = "SELECT COUNT('nid') FROM 'news'";
```

```
        if (tid != null) {
            sql += " WHERE 'ntid' = ?";
            params.add(tid);
        }
        int count = -1;
        try {
            rs = this.executeQuery(sql, params.toArray());
            rs.next();
            count = rs.getInt(1);
        } …… // 省略异常处理和资源释放代码
        return count;
    }
    // 分页获得新闻
    public List<News> getPageNewsList(Integer tid,
            int pageNo, int pageSize) throws SQLException {
        List<News> list = new ArrayList<News>();
        ResultSet rs = null;
        List<Object> params = new ArrayList<Object>();
        String sql = "SELECT 'nid', 'ntid', 'ntitle', 'nauthor',"
            + " 'ncreateDate', 'nsummary', 'tname' FROM 'NEWS', "
            + "'TOPIC' WHERE 'NEWS'.'ntid' = 'TOPIC'.'tid'";
        if (tid != null) {
            sql += " AND 'NEWS'. 'ntid' = ?";
            params.add(tid);
        }
        sql += " ORDER BY 'ncreateDate' DESC LIMIT ?, ?";
        params.add((pageNo - 1) * pageSize);
        params.add(pageSize);
        try {
            rs = this.executeQuery(sql, params.toArray());
            …… // 省略封装数据过程
        } …… // 省略异常处理和资源释放代码
        return list;
    }
}
```

（2）实现业务层

业务层接口 NewsService 及其实现类 NewsServiceImpl 也相应进行调整设计，对分页方法增加传入参数主题 id。

修改 NewsService 接口中分页相关方法的设计，加入主题 id 参数。

```
public interface NewsService {
    …… // 省略其他方法
    // 分页获取新闻
```

```
    public void findPageNews(Integer tid, Page pageObj)
        throws SQLException;
}
```

在其实现类 NewsServiceImpl 中调用 Dao 相关方法时传入 tid 即可。

```
public class NewsServiceImpl implements NewsService {
    ……// 省略部分方法
    // 分页获取新闻
    public void findPageNews(Integer tid, Page pageObj)
            throws SQLException {
        Connection conn = null;
        try {
            conn = DatabaseUtil.getConnection();
            NewsDao newsDao = new NewsDaoImpl(conn);

            int totalCount = newsDao.getTotalCount(tid);
            ……// 省略部分代码
            List<News> newsList = newsDao.getPageNewsList(tid,
                                        pageObj.getCurrPageNo(),
                                        pageObj.getPageSize());
            ……// 省略部分代码
        } ……// 省略异常处理和资源释放
    }
}
```

（3）编写 Servlet

将原有的首页初始化功能拆解成两部分：按传统方式初始化最新消息和主题列表（如图 8.2 所示）及采用 Ajax 方法分页加载新闻列表（如图 8.1 所示）。

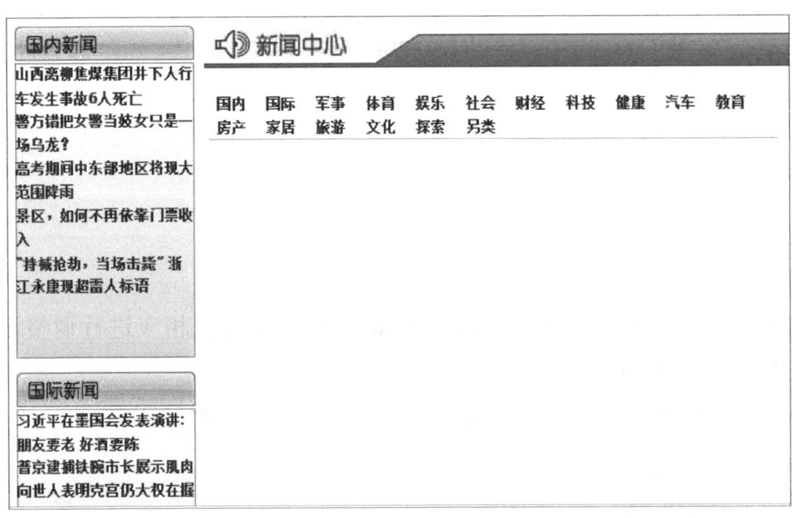

图 8.2　初始化最新消息和主题列表

按传统方式初始化最新消息和主题列表的关键代码如下。

```
…… // 省略其他功能
else if ("topicLatest".equals(opr)) { // 初始化首页侧边栏和主题列表
    Map<Integer, Integer> topics = new HashMap<Integer, Integer>();
    topics.put(1, 5);
    topics.put(2, 5);
    topics.put(5, 5);
    List<List<News>> latests = newsService
                        .findLatestNewsByTid(topics);          // 查询最新消息
    List<Topic> list = topicService.findAllTopics();           // 查询所有主题
    request.setAttribute("list1", latests.get(0));             // 左侧国内新闻
    request.setAttribute("list2", latests.get(1));             // 左侧国际新闻
    request.setAttribute("list3", latests.get(2));             // 左侧娱乐新闻
    request.setAttribute("list", list); // 所有的主题
    request.getRequestDispatcher("/index.jsp").forward(request,
            response);
} …… // 省略其他功能
```

处理分页加载新闻列表的 Ajax 请求的关键代码如下。

```
…… // 省略其他功能
else if ("topicNews".equals(opr)) { // 分页查询新闻
    // 获得主题 id 和当前页数
    String tid = request.getParameter("tid");
    String pageIndex = request.getParameter("pageIndex");
    …… // 省略部分代码
    Page pageObj = new Page();
    …… // 省略部分代码
    // 调用业务方法查询
    if (tid == null || (tid = tid.trim()).length() == 0)
        newsService.findPageNews(null, pageObj);
    else
        newsService.findPageNews(Integer.valueOf(tid), pageObj);
    // 使用 FastJSON 将 Page 对象序列化成 JSON 字符串
    String newsJSON = JSON.toJSONStringWithDateFormat(pageObj,
                            "yyyy-MM-dd HH:mm:ss",
                            SerializerFeature.WriteMapNullValue);
    // 向客户端返回响应数据
    out.print("[{\"tid\":\"" + tid + "\"}, " + newsJSON + "]");
} …… // 省略其他功能
```

注意

为了保证客户端分页条件的完整，响应数据是一个 JSON 数组，包括主题 id 和查询结果两部分内容。

（4）调整 index.jsp 页面

将原有的获取和输出新闻列表的相关代码删除，仅保留列表的容器。

```
…… // 省略其他页面内容
<ul class="classlist">
    <!-- 分页显示新闻区域 -->
</ul>
…… // 省略其他页面内容
```

为了和拆分后的 Servlet 功能及实现 Ajax 分页的要求相适应，主题列表的超链接在输出时也需进行相应调整。

```
<ul class="class_date">
<c:forEach items="${requestScope.list}" var="topic"
           varStatus="i">
  <c:if test="${i.count % 11 == 1}”  ><li id='class_month'></c:if>
  <a href="javascript:;" id="${topic.tid}">
           <b>${topic.tname}</b></a>
  <c:if test="${i.count % 11 == 0}"></li></c:if>
  <c:set var="n" value="${i.count}"/>
</c:forEach>
<c:if test="${n % 11 != 0}"></li></c:if>
</ul>
```

单击主题超链接查询相关新闻的功能将在 JavaScript 脚本中使用 Ajax 方式实现，增加 id 属性用于在单击事件中获取作为查询参数的主题 id。

（5）编写 JavaScript 脚本

在以下代码块中分步骤编写相关 JavaScript 脚本。

```
jQuery.noConflict(); // 让渡 “$” 的使用权， 其他脚本库可以使用 “$”
(function($) {
    $(document).ready(function() {
        // 其他脚本编写于此处
    });
})(jQuery);
```

① 编写发送 Ajax 分页请求的 getPagi( ) 方法并进行调用，以便在首页加载时初始化新闻列表。

```
function getPagi(tid, pageIndex) {                    // 发送 Ajax 请求实现分页
    var data = "opr=topicNews";                        // 准备请求参数
    if (tid)
        data += "&tid="+tid;
    if (pageIndex && pageIndex > 0)
```

```
        data += "&pageIndex="+pageIndex;
    $.getJSON("util/news", data, pagi);                // 发送 Ajax 请求
};
getPagi(); // 首页加载时，  初始化加载新闻列表
```

② 编写回调方法 pagi( ) 处理响应，主要完成两件事：展示本页数据和生成分页操作链接。

```
// 获取显示新闻列表的首页中心区域
var $centerNewsList = $("#container .main .content .classlist");

function pagi(datas) {    // 分页查询的回调函数
    var tid = datas[0].tid == "null" ? "" : datas[0].tid;
    var data = datas[1];              // 获得分页相关数据
    // 1. 展示本页新闻数据
    $centerNewsList.html("");
    if (data.newsList == null)
        $centerNewsList.html(
                "<h6> 出现错误，  请稍后再试或与管理员联系 </h6>");
    else if (data.newsList.length == 0)
        $centerNewsList.html("<h6> 抱歉，  没有找到相关的新闻 </h6>");
    else {
        var news;
        for(var i = 0; i < data.newsList.length;) {
            news = data.newsList[i];
            $centerNewsList.append(
                    "<li><a href='util/news?opr=readNew&nid="
                    + news.nid + "'>" + news.ntitle + "</a><span>"
                    + news.ncreatedate + "</span></li>");
            if ((++i) % 5 == 0)
                $centerNewsList.append("<li class='space'></li>");
        }
    } // 本页新闻展示完毕
    // 2. 生成分页操作链接并注册事件，  单击时调用 getPagi() 方法
    var $operArea = $("<p align=\"center\"> 当前页数 :["
                        + data.currPageNo + "/"
                        + data.totalPageCount + "] </p>")
                    .appendTo($centerNewsList);
    if (data.currPageNo > 1) {
        var $first = $("<a href=\"javascript:;\"> 首页 </a>").click(
                function() { getPagi(tid, 1); });
        var $prev = $("<a href=\"javascript:;\"> 上一页 </a>").click(
                function() { getPagi(tid, (data.currPageNo - 1)); });
        $operArea.append($first).append(" ").append($prev);
```

```
        }
        if (data.currPageNo < data.totalPageCount) {
            var $next = $("<a href=\"javascript:;\"> 下一页 </a>").click(
                    function() { getPagi(tid, (data.currPageNo + 1)); });
            var $last = $("<a href=\"javascript:;\"> 末页 </a>").click(
                    function() { getPagi(tid, data.totalPageCount); });
            $operArea.append($next).append(" ").append($last);
        }
    } // pagi() 方法结束
```

③ 为 index.jsp 页面中的主题超链接添加单击事件，单击时以 Ajax 方式实现按主题分页查看新闻。

```
// 从页面获取主题链接，并注册单击事件，使用 id 属性存储的主题 id 作为查询条件
$centerNewsList.prev("ul.class_date").find("a").each(function() {
    var a = this;
    a.onclick = function() { getPagi(a.id, 1); }; // id 属性值作条件
});
```

（6）部署运行并测试

了解具体实现请扫描二维码。

加载新闻源码

8.2.2 以 Ajax 方式添加主题

1. 需求介绍

单击管理员页面 /newspages/admin.jsp 左侧的“添加主题”超链接，以 Ajax 方式加载添加主题页面 /newspages/topic_add.jsp（如图 8.3 所示）。单击“提交”按钮以 Ajax 方式完成添加主题的功能。

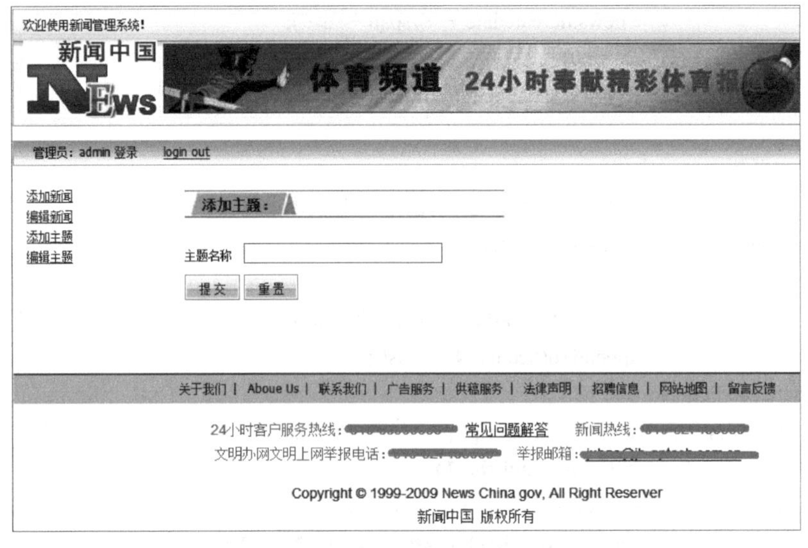

图 8.3 添加主题页面

2. **实现思路**

（1）实现数据访问层和业务层

新需求对于业务层和数据访问层的实现没有影响，可以直接沿用原有实现。

（2）编写 Servlet

在添加主题功能中，将执行结果以 JSON 格式响应给客户端，而非直接控制跳转。

```
……  // 省略其他功能
else if ("add".equals(opr)) {// 添加主题
    String tname = request.getParameter("tname");
    String status; // 记录执行结果
    String message; // 记录提示信息
    try {
        int result = topicsService.addTopic(tname);
        if (result == -1) {
            status = "exist";
            message = " 当前主题已存在，请输入不同的主题！ ";
        } else {
            status = "success";
            message = " 主题创建成功 ";
        }
    } catch (Exception e) {
        status = "error";
        message = " 添加失败，请联系管理员！ ";
    }
    out.print("[{\"status\":\"" + status + "\", \"message\":\""
            + message + "\"}]");
} ……  // 省略其他功能
```

响应内容的数据格式为如下。

```
[ { "status" : " 执行结果 ", "message" : " 提示信息 " } ]
```

（3）修改 JSP 页面及编写 JavaScript 脚本

① 单击管理员页面左侧的“添加主题”超链接，以 Ajax 方式加载添加主题页面。

观察 /newspages 目录下的相关页面素材可以发现，单击管理员页面左侧链接时，切换的页面主体结构完全相同，仅页面中 <div id="opt_area"></div> 区域的内容会发生变化，因此完全可以通过 Ajax 方式加载目标页面 <div id="opt_area"></div> 区域的内容，以实现无刷新更新管理员页面，从而实现切换效果。

修改左侧超链接（在 /newspages/console_element/left.html 中），禁用直接跳转。

```
<div id="opt_list">
  <ul>
    <li><a href="../newspages/news_add.jsp"> 添加新闻 </a></li>
    <li><a href="javascript:;"> 编辑新闻 </a></li>
```

```
        <li><a href="javascript:;"> 添加主题 </a></li>
        <li><a href="javascript:;"> 编辑主题 </a></li>
    </ul>
</div>
```

在 JavaScript 脚本中为该超链接注册单击事件。

```
var $optArea = $("#opt_area");              // 获得 id 为 opt_area 的内容变化区域
…… // 省略部分代码
var $leftLinks = $("#opt_list a");          // 获取页面左侧功能链接
…… // 省略部分代码
$leftLinks.eq(2).click(function() {         // 为 "添加主题" 链接注册单击事件
    $optArea.load("../newspages/topic_add.jsp #opt_area>*");
});
```

单击“添加主题”超链接，将从 /newspages/topic_add.jsp 页面中获取的 id 为 opt_area 的元素中的全部内容，填充到本页面的 <div id="opt_area"></div> 区域中，实现切换效果。

单击“编辑新闻”“编辑主题”链接时，也可按照这一思路，由服务器端生成 <div id="opt_area"></div> 区域中的内容，通过 .load( ) 方法加载使用。

② 单击图 8.3 中的“提交”按钮，以 Ajax 方式发送请求，实现添加主题功能。

在 JavaScript 脚本中为“提交”按钮注册单击事件，发送 Ajax 请求并处理响应。此外，为了显示服务器发回的提示消息，需要在 /newspages/admin.jsp 页面中添加一个 div 元素。

```
<div id="main">
    <%@ include file="console_element/left.html" %>
    <div id="msg"
            style="display: none; position: absolute; z-index: 5; background-
            color: pink; font-size: 16px; padding: 5px 20px;"></div>
    <div id="opt_area">
        <!-- 内容区域  -->
    </div>
</div>
```

```
var $msg = $("#msg"); // 获取展示提示信息的 div

// 为“提交”按钮注册单击事件，addTopicSubmit 为“提交”按钮的 id
$optArea.on("click", "#addTopicSubmit", function() {
    var $tname = $optArea.find("#tname"); // 获取输入主题的文本框
    var tnameValue = $tname.val();
    if (tnameValue == "") { // 进行表单验证并提示错误
        $msg.html(" 请输入主题名称！ ").fadeIn(1000).fadeOut(5000);
```

```
            $tname.focus();
            return false;
        }
        // 通过验证则发送 Ajax 请求，添加新主题
        $.getJSON("../util/topics", "opr=add&tname="+tnameValue,
                afterTopicAdd);
        function afterTopicAdd(data) {
            if (data[0].status == "success") {
                // 添加成功，显示提示信息并用 Ajax 方式重新加载主题列表
                $msg.html(data[0].message).fadeIn(1000).fadeOut(5000);
                $optArea.load("../util/topics", "opr=listHtml");
            } else if (data[0].status == "exist") {
                // 主题已存在，显示提示信息并选中输入内容由用户重填
                $msg.html(data[0].message).fadeIn(1000).fadeOut(5000);
                $tname.select();
            } else if (data[0].status == "error") {
                // 发生错误，显示提示信息并用 Ajax 方式重新加载主题列表
                $msg.html(data[0].message).fadeIn(1000).fadeOut(5000);
                $optArea.load("../util/topics", "opr=listHtml");
            }
        }
    }); // “提交” 按钮单击事件结束
```

jQuery 的 .on( ) 方法可以实现事件注册，其基本用法如下。

```
父元素 .on( " 事件名 ", " 针对子元素的选择器 ", function);
```

该方法可以实现将指定方法注册到与选择器匹配的子元素的指定事件上。

（4）部署运行并测试

了解具体实现请扫描二维码。

添加主题源码

8.2.3 以 Ajax 方式修改主题

1. 需求介绍

单击管理员页面主题列表中的“修改”超链接（如图 8.4 所示），以 Ajax 方式加载修改主题页面 /newspages/topic_modify.jsp（如图 8.5 所示）。点击“提交”按钮以 Ajax 方式完成修改主题的功能。

2. 实现思路

（1）实现数据访问层和业务层

新需求对于业务层和数据访问层实现没有影响，可以直接沿用原有实现。

（2）编写 Servlet

在修改主题功能中，将执行结果以 JSON 格式响应给客户端，而非直接控制跳转。

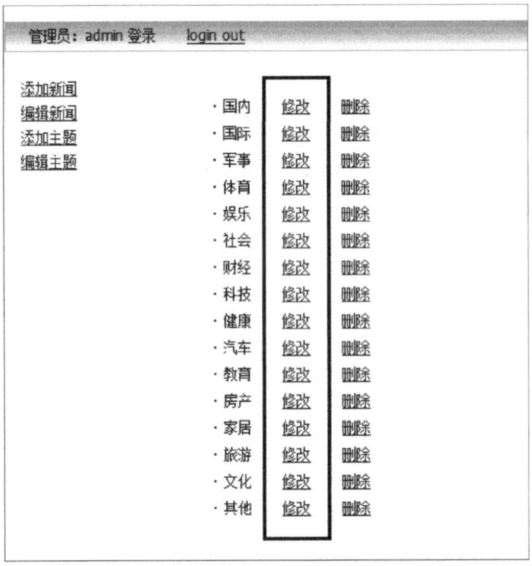

图 8.4　主题列表的“修改”超链接

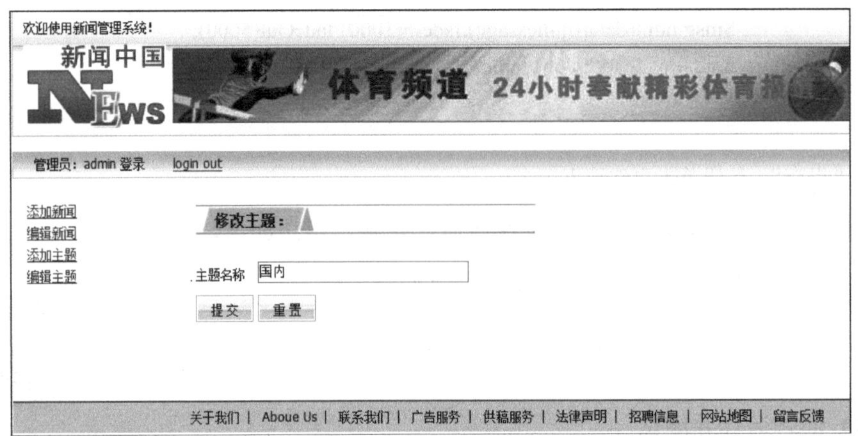

图 8.5　修改新闻主题界面

```
…… // 省略其他功能
else if ("update".equals(opr)) {// 修改主题
    String tid = request.getParameter("tid");
    String tname = request.getParameter("tname");
    Topic topic = new Topic();
    topic.setTid(Integer.parseInt(tid));
    topic.setTname(tname);
    String status;      // 记录执行结果
    String message;     // 记录提示信息
    try {
        int result = topicsService.updateTopic(topic);
        if (result == -1) {
            status = "exist";
```

```
                message = " 当前主题已存在，请输入不同的主题！ ";
            } else if (result == 0) {
                status = "error";
                message = " 未找到相关主题！ ";
            } else {
                status = "success";
                message = " 已成功更新主题 ";
            }
        } catch (Exception e) {
            status = "error";
            message = " 更新失败，请联系管理员！ ";
        }
        out.print("[{\"status\":\"" + status + "\", \"message\":\""
                + message + "\"}]” );
} ……  // 省略其他功能
```

响应内容的数据格式如下。

```
[ { "status" : " 执行结果 ", "message" : " 提示信息 " } ]
```

（3）修改 JSP 页面及编写 JavaScript 脚本

① 单击管理员页面主题列表中的“修改”超链接，以 Ajax 方式加载修改主题页面。

为了与修改主题功能相匹配，服务器端在生成主题列表的“修改”超链接时需注意。

```
<li>     ${topic.tname}     
<a href='javascript:;' class="tpsMdfLink"
            id='${topic.tid}:${topic.tname}'> 修改 </a>    
<a href='../util/topics?opr=del&tid=${topic.tid}'> 删除 </a> </li>
```

在以上代码中，“修改”超链接禁用了直接跳转，添加了 class 样式以方便选择器筛选，同时增加了 id 属性以“主题 id: 主题名”的形式保存数据，以便在脚本中使用。

在 JavaScript 脚本中为“修改”超链接注册单击事件，加载修改主题页面。

```
var $optArea = $("#opt_area"); // 获得 id 为 opt_area 的内容变化区域
…… // 省略部分代码
// 为“修改”超链接注册单击事件，“topicsList”为主题列表所在 ul 元素的 id
$optArea.on("click", "#topicsList>li .tpsMdfLink", function() {
    var params = this.id.split(":"); // 从 id 属性获得主题 id 和主题名
    // 加载 /newspages/topic_modify.jsp 中所需的内容并传递主题 id 和主题名
    $optArea.load("../newspages/topic_modify.jsp #opt_area>*",
        "tid=" + params[0] + "&tname=" + params[1]);
});
```

.load( ) 方法参数所传递的主题 id 和主题名将用于填充修改主题页面中的相关表单元素，效果如图 8.5 所示。

② 单击图 8.5 中的“提交”按钮，以 Ajax 方式发送请求，实现修改主题功能。

```
var $msg = $("#msg"); // 获取展示提示信息的 div
// 为“提交”按钮注册单击事件，updateTopicSubmit 为“提交”按钮的 id
$optArea.on("click", "#updateTopicSubmit", function() {
    var $tname = $optArea.find("#tname"); // 获取输入主题的文本框
    var tnameValue = $tname.val();
    if (tnameValue == "") { // 进行表单验证并提示错误
        $msg.html(" 请输入主题名称！ ").fadeIn(1000).fadeOut(5000);
        $tname.focus();
        return false;
    }
    var tidValue = $optArea.find("#tid").val(); // 获取主题 id
    // 发送 Ajax 请求，修改主题
    $.getJSON("../util/topics", "opr=update&tid=" + tidValue
            + "&tname=" + tnameValue, afterTopicUpdate);
    function afterTopicUpdate(data) {
        if (data[0].status == "success") {
            // 修改成功，显示提示信息并用 Ajax 方式重新加载主题列表
            $msg.html(data[0].message).fadeIn(1000).fadeOut(5000);
            $optArea.load("../util/topics", "opr=listHtml");
        } else if (data[0].status == "exist") {
            // 主题已存在，显示提示信息并选中输入内容由用户重填
            $msg.html(data[0].message).fadeIn(1000).fadeOut(5000);
            $tname.select();
        } else if (data[0].status == "error") {
            // 发生错误，显示提示信息并用 Ajax 方式重新加载主题列表
            $msg.html(data[0].message).fadeIn(1000).fadeOut(5000);
            $optArea.load("../util/topics", "opr=listHtml");
        }
    }
}); // “提交” 按钮单击事件结束
```

（4）部署运行并测试

了解具体实现请扫描二维码。

修改主题源码

8.2.4 以 Ajax 方式删除主题

1．需求介绍

单击管理员页面主题列表中的“删除”超链接（如图 8.6 所示），以 Ajax 方式发送请求删除对应主题，并在删除成功后移除页面中的相关主题（如图 8.7 所示）。

2．实现思路

（1）实现数据访问层和业务层

新需求对于业务层和数据访问层的实现没有影响，可以直接沿用原有实现。

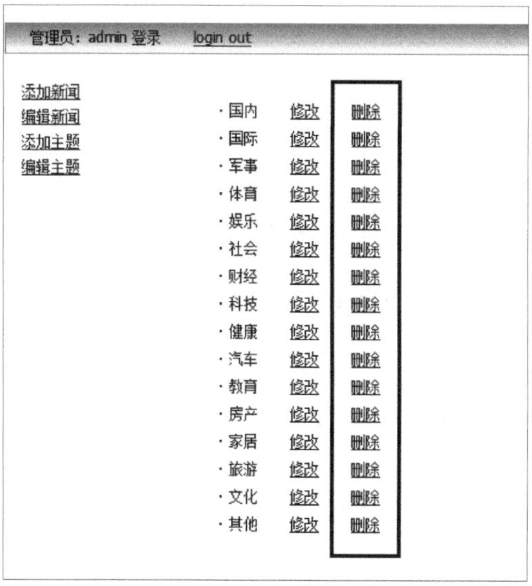

图 8.6　主题列表的 “删除” 超链接

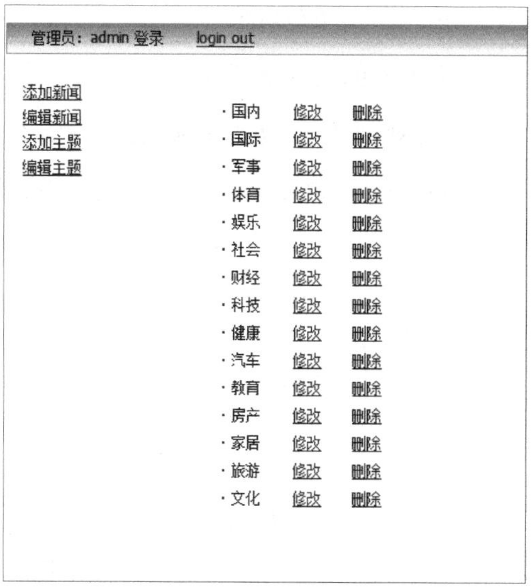

图 8.7　删除成功

（2）编写 Servlet

在删除主题功能中，将执行结果以 JSON 格式响应给客户端，而非直接控制跳转。

```
……  // 省略其他功能
else if ("del".equals(opr)) {// 删除主题
    String tid = request.getParameter("tid");
    String status; // 记录执行结果
    String message; // 记录提示信息
    try {
        int result = topicsService.deleteTopic(
                                        Integer.parseInt(tid));
        if (result == -1) {
            status = "error";
            message = " 该主题下还有文章，不能删除！ ";
        } else if (result == 0) {
            status = "error";
            message = " 未找到相关主题！ ";
        } else {
            status = "success";
            message = " 已成功删除主题 ";
        }
    } catch (Exception e) {
        status = "error";
        message = " 删除失败，请联系管理员！ ";
    }
out.print("[{\"status\":\"" + status + "\", \"message\":\""
        + message + "\"}]");
```

```
} ……  // 省略其他功能
```

响应内容的数据格式如下。

```
[ { "status" : " 执行结果 ", "message" : " 提示信息 " } ]
```

（3）修改 JSP 页面及编写 JavaScript 脚本

为了与删除主题功能相匹配，服务器端在生成主题列表的“删除”超链接时需注意。

```
<li>     ${topic.tname}     
<a href='javascript:;' class="tpsMdfLink"
        id='${topic.tid}:${topic.tname}'> 修改 </a>    
<a href='javascript:;' class="tpsDelLink" id='${topic.tid}'> 删除 </a>
</li>
```

在以上代码中，“删除”超链接禁用了直接跳转，添加了class样式以方便选择器筛选，同时增加了 id 属性保存主题 id，以便在脚本中使用。

在 JavaScript 脚本中为“删除”超链接注册单击事件，以 Ajax 方式发送删除请求。

```
var $optArea = $("#opt_area"); // 获得 id 为 opt_area 的内容变化区域
…… // 省略部分代码
// 为“删除”超链接注册单击事件，“topicsList”为主题列表所在 ul 元素的 id
$optArea.on("click", "#topicsList>li .tpsDelLink", function() {
    if (confirm(" 确定要删除该主题吗？ ")) {
        var a = this;
        $.getJSON("../util/topics", "opr=del&tid="+this.id,
          function(data) { // 回调函数
            $msg.html(data[0].message).fadeIn(1000).fadeOut(5000);
            if (data[0].status == "success")
                $(a).parent().remove();// 删除成功后移除页面上的相关主题
          });
    }
});
```

删除主题源码

（4）部署运行并测试

了解具体实现请扫描二维码。

本章总结

- 使用 Ajax 技术优化请求响应过程，提升用户体验。
- 使用 .on( ) 方法动态实现为元素绑定事件处理方法。

本章练习

1. 根据项目需求和设计要求，检查并完成本项目的各项功能。
2. 改造新闻发布系统，以 Ajax 方式初始化首页最新消息和主题列表（如图 8.2

所示）。

提示

最新消息列表可以通过使用 .load( ) 方法加载 /index-elements/index_sidebar.jsp 页面的相关结构实现。

主题列表可以使用 JSON 格式返回并在 JavaScript 中解析。

随手笔记

第 9 章

使用 Linux 操作系统

技能目标

- ❖ 简单认识 Linux 系统
- ❖ 会使用常用的 Linux 命令
- ❖ 理解 Linux 系统的权限机制

本章任务

学习本章，需要完成以下 5 个工作任务。记录学习过程中遇到的问题，可以通过自己的努力或访问 kgc.cn 解决。

任务 1：了解 Linux 操作系统

任务 2：掌握 Linux 文件系统

任务 3：掌握 Linux 的权限管理

任务 4：掌握 Linux 的进程管理

任务 5：使用 Linux 的其他常用命令

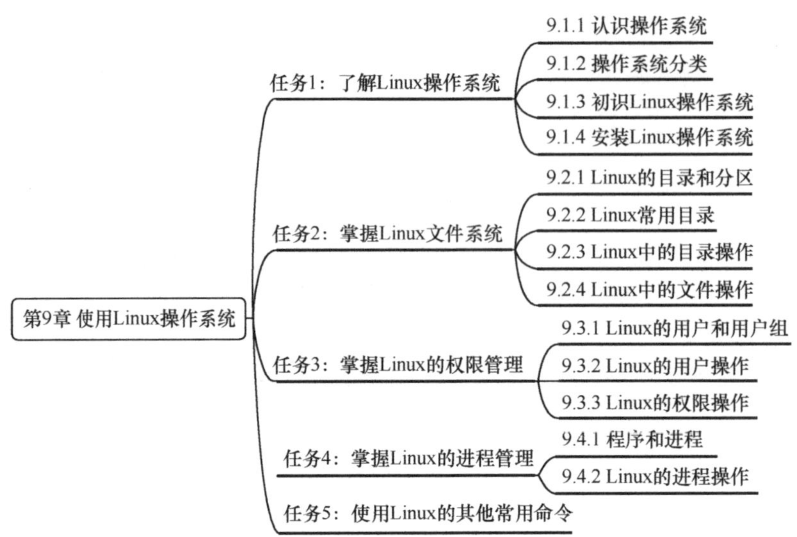

任务 1 了解 Linux 操作系统

9.1.1 认识操作系统

操作系统（Operating System，OS）通俗来讲就是一款软件。不过和一般软件不同，操作系统是管理和控制计算机硬件与软件资源的计算机程序，是直接运行在“裸机”上的最基本的系统软件。任何其他软件都必须在操作系统的支持下才能运行。

9.1.2 操作系统分类

操作系统可从以下几个方面进行分类。

1. 按照应用领域分类

（1）桌面操作系统

桌面操作系统顾名思义，是具有图形化界面的操作系统。在桌面操作系统诞生之前，最有名的操作系统就是 DOS，但是 DOS 的操作界面十分不友好，仅仅是代码而已。为此微软公司推出了第一个图形界面操作系统 Windows 1.0，尽管只有 256 色，但是在当时已经足够吸引人了。随着 IT 技术的不断发展，直到今天 Mac OS、Windows、Linux 形成三足鼎立的局面。

目前具有代表性的桌面操作系统有 Windows 系列，Mac OS X 系列。

（2）服务器操作系统

服务器操作系统一般指的是安装在大型计算机上的操作系统。相对于桌面操作系统，服务器操作系统要承担额外的管理、配置、稳定及安全保证等功能。

目前具有代表性的服务器操作系统有 Windows Server、Netware、UNIX、Linux。

（3）嵌入式操作系统

嵌入式操作系统是一种用途广泛的系统软件，通常包括与硬件相关的底层驱动软件、系统内核、设备驱动接口、通信协议、图形界面、标准化浏览器等。

目前具有代表性的嵌入式操作系统有嵌入式实时操作系统 μC/OS-II、嵌入式 Linux、Windows Embedded、VxWorks，以及应用在智能手机和平板电脑上的 Android、iOS 等。

2. **按照所支持用户数分类**

根据同一时间使用计算机用户的多少，操作系统可分为单用户操作系统和多用户操作系统。

（1）单用户操作系统

单用户操作系统是指一台计算机在同一时间只能由一个用户使用，一个用户独自享用系统的全部硬件和软件资源。

目前具有代表性的单用户操作系统有 MS DOS、OS/2、Windows。

（2）多用户操作系统

同一时间允许多个用户同时使用计算机，则称为多用户操作系统。

目前具有代表性的多用户操作系统有 UNIX、Linux、MVS。

3. **按照源码开放程度分类**

（1）开源操作系统

开源操作系统（Open Source Operating System）就是开放源代码的操作系统软件。可以遵循开源协议（GNU）进行使用、编译和再发布。在遵守 GNU 协议的前提下，任何人都可以免费使用，随意控制软件的运行方式。

目前具有代表性的开源操作系统有 Linux、FreeBSD。

（2）闭源操作系统

闭源操作系统和开源操作系统相反，指的是不开放源码的操作系统。

目前具有代表性的闭源操作系统有 Mac OS X、Windows。

9.1.3 初识 Linux 操作系统

在分类繁多的操作系统中，Linux 以其稳定、小巧、易操作、大多版本免费等特点占据着服务器操作系统市场的半壁江山。其代表图标为一只小企鹅，如图 9.1 所示。那么这只小企鹅是怎么产生的？又是如何发展的？这一切还得从头说起。

图 9.1　Linux 系统标志

1. **Linux 诞生**

Linux 这只改变世界的小企鹅诞生于 1991 年，在赫尔辛基的一个大学宿舍里，一名叫林纳斯·托瓦茨的大学生为了能更方便地访问大学主机上的新闻和邮件，自己编写了磁盘驱动程序和文件系统，这些就是 Linux 内核的雏形。当时年仅 21 岁的林纳斯并不知道他的这些代码将来会改变整个世界。在自由软件之父理查德·斯托曼（Richard Stallman）某些精神的感召下，林纳斯很快以 Linux 的名字把这款类 UNIX 的操作系统加入到了自由软件基金会（FSF）的 GNU 计划中，并通过 GPL 的通用性授权，允许用户销售、复制并且改动程序，但用户必须将同样的自由传递下去，而且必须免费公开修改后的代码。这说明，Linux 并不是被刻意创造的，它完全是日积月累的结果，是经验、创意和一小段一小段代码的集合体。无疑，正是林纳斯的这一举措带给了 Linux 和他自己巨大的成功和极高的声誉。短短几年间，在 Linux 身边已经聚集了成千上万的狂热分子，大家不计得失地为 Linux 增补、修改，并随之将开源运动的自由主义精神传扬下去。这也造成了现在 Linux 发行版众多的形态。因为任何人只要遵守 GNU 开源协议，就可以下载到 Linux 内核的代码进行编写，而这些编写过的 Linux 就会拥有不同的版本名称。

2. Linux 版本

（1）RedHat 系列

RedHat 系列，它包括 RHEL（RedHat Enterprise Linux，为收费版本）、Fedora Core（由 RedHat 桌面版本发展而来，免费）、CentOS（RHEL 的社区克隆版本，免费）。RedHat 是在国内使用最多的 Linux 版本，甚至有人将 RedHat 等同于 Linux。这个版本的特点就是使用人数多，资源多，而且网上的许多 Linux 教程也都以 RedHat 为例进行讲解。RedHat 系列采用的是基于 RPM 包的 YUM 包管理方式，包分发方式是编译好的二进制文件。在稳定性方面，RHEL 和 CentOS 的稳定性非常好，适合于服务器使用；而 Fedora Core 的稳定性较差，一般仅用于桌面应用。

（2）Debian 系列

Debian 系列包括 Debian 和 Ubuntu 等。Debian 是社区类 Linux 的典范，也最遵循 GNU 规范。Debian 分为 3 个分支：stable、testing 和 unstable。其中，unstable 为最新的测试版本，有相对较多的 bug，适合桌面用户。testing 的版本都经过测试，相对较为稳定。而 stable 一般只用于服务器，软件包大都比较过时，但是稳定和安全性都很高。Debian 最具特色的是 apt-get/dpkg 包管理方式。

（3）Ubuntu 系列

Ubuntu 严格来说不能算是一个独立的发行版本，是基于 Debian 的 unstable 版本加强而来的，可以说 Ubuntu 是一个拥有 Debian 的所有优点，以及自己所加强的优点的近乎完美的 Linux 桌面操作系统。根据选择的桌面系统不同，有 3 个版本可供选择，基于 Gnome 的 Ubuntu、基于 KDE 的 Kubuntu 以及基于 Xfc 的 Xubuntu。Ubuntu 的特点是界面非常友好，容易上手，对硬件的支持非常全面，是最适合做桌面操作系统的 Linux 发行版本。

9.1.4 安装 Linux 操作系统

为了模拟企业中真实的开发环境，本章中我们将采用虚拟机环境安装并配置 Linux 服务器，并在 Windows 操作系统中安装客户端管理 Linux 服务器。

本章中我们将使用 RedHat 系列中的 CentOS 6.5 操作系统作为服务器操作系统。

1. 安装环境

虚拟机（Virtual Machine）是指运行在某一个操作系统（如 Windows）之上模拟完

整硬件系统功能的软件。进入虚拟机后，所有操作都是在这个全新的、独立的虚拟系统里进行，可以独立安装系统，运行软件，保存数据。

常用的虚拟机软件有 VirtualBox、VMware Workstation、Virtual PC。

本章中我们所使用的软件环境为 VMware Workstation 12，Windows 7+（64 位），CentOS 6.5。

需要注意的是，在安装虚拟机前，需要先确认本机 BIOS 选项中的 Virtualization（虚拟化）为 enabled 状态。

说明

Virtualization 是 BIOS 选项之一，Virtualization 开启代表本机支持虚拟化操作，反之则不支持。BIOS 中 Virtualization 设置的路径为 BIOS → Security → Virtualization。

2. 安装 CentOS

（1）下载并安装 VMware Workstation 12

从 VMware 官网（http://www.vmware.com）下载 VMware Workstation 12（以下简称 VM）版本的虚拟机并安装，安装过程为傻瓜式安装。本书不再演示其安装过程。

（2）新建 CentOS 虚拟机系统

安装完成后，桌面将出现 VMware Workstation Pro 的快捷访问图标。接下来，我们需要按照以下步骤在 VM 上新建虚拟机。双击 VMware Workstation Pro 图标，在弹出的窗口中进行如下操作。

1）单击“文件→新建虚拟机”，出现虚拟机安装类型选择窗口，选择“自定义（高级）”类型配置，如图 9.2 所示。

2）单击“下一步”按钮，出现虚拟机硬件兼容性选择窗口，如图 9.3 所示。

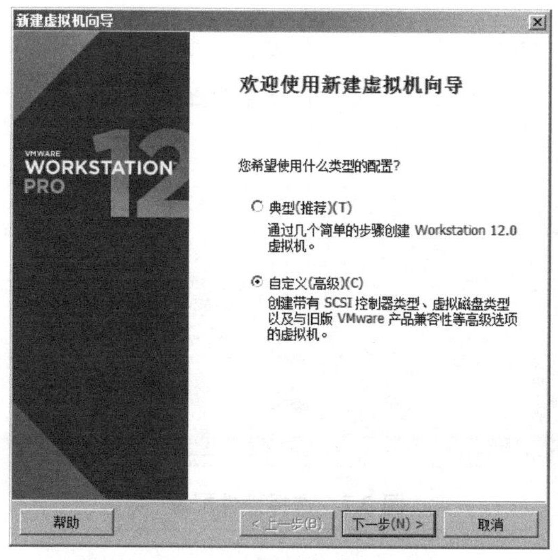

图 9.2　选择虚拟机安装类型

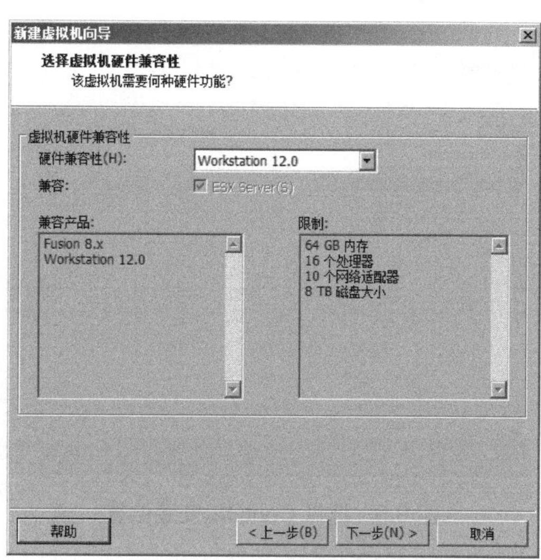

图 9.3　选择虚拟机硬件兼容性

3）单击“下一步”按钮，在弹出界面中输入系统的用户名和密码。注意此密码也是 root 密码，一定不要忘记该密码，如图 9.4 所示。

4）单击“下一步”按钮，选择 CentOS 镜像，找到本机的 CentOS 镜像文件，如图 9.5 所示。

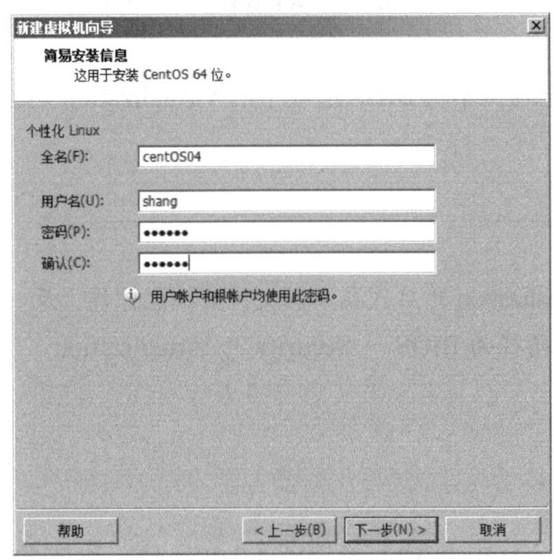

图 9.4　设置系统的用户名和密码

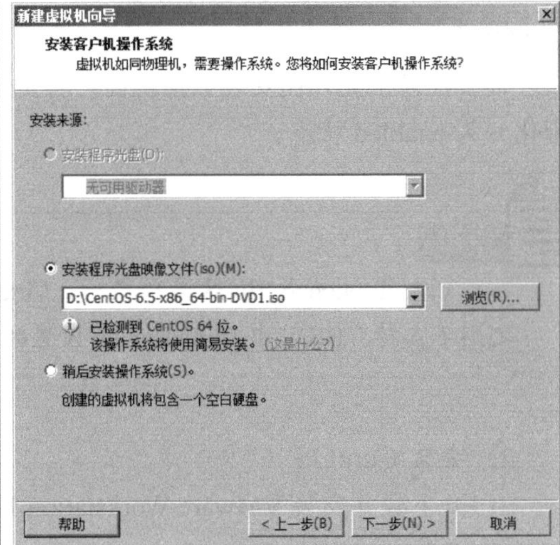

图 9.5　选择 CentOS 镜像文件

5）单击“下一步”按钮，选择虚拟机安装的位置，如图 9.6 所示。建议不要选择系统盘或剩余空间太小的磁盘。

6）单击“下一步”按钮，配置系统硬件设备，系统硬件设备将受本机硬件配置和虚拟机支持硬件配置影响，如图 9.7 和图 9.8 所示。在配置过程中不要一味追求虚拟机的最高配置，虚拟机的配置高低可能会影响宿主机系统的性能。

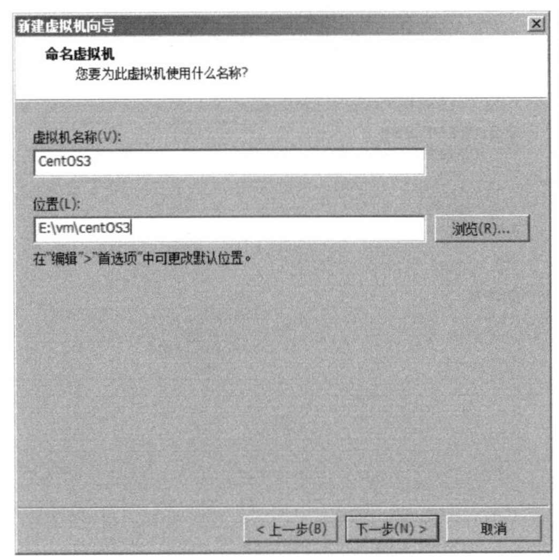

图 9.6　选择 CentOS 安装位置

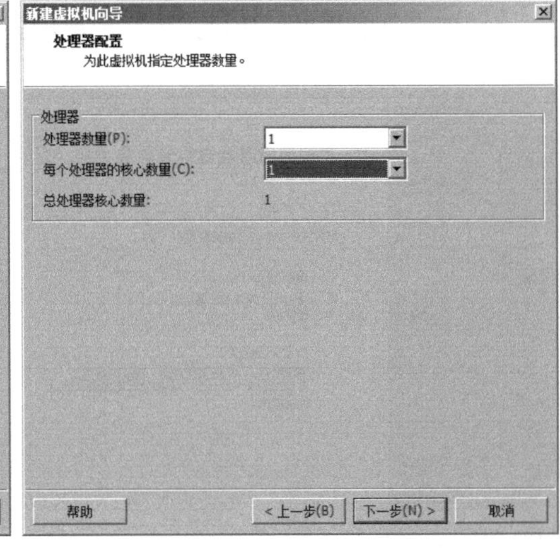

图 9.7　选择硬件配置

7）单击“下一步”按钮，选择 I/O 控制器类型，如图 9.9 所示。此处选择默认方式即可。

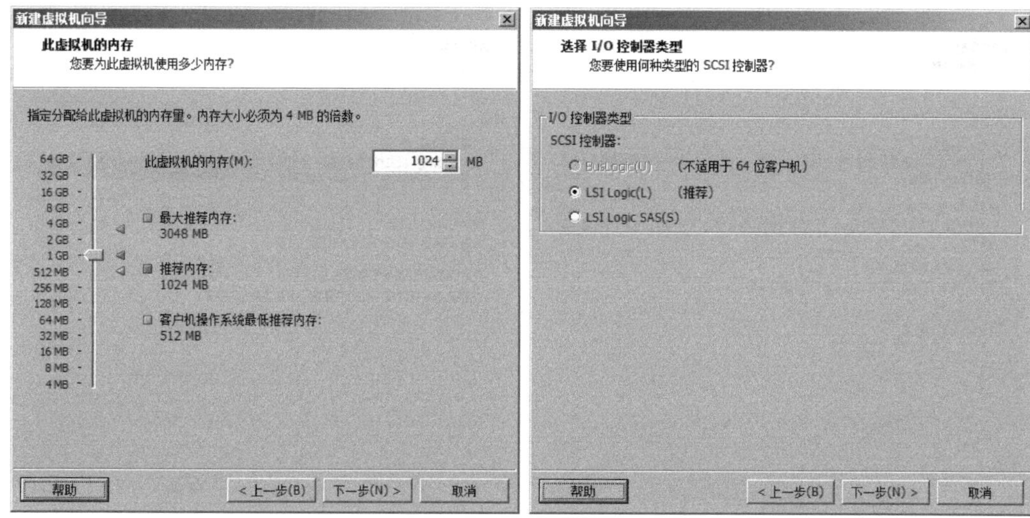

图 9.8　选择内存　　　　图 9.9　选择 I/O 控制器类型

8）单击“下一步”按钮，选择系统网络连接方式，如图 9.10 所示。本章中我们采用桥接网络。

说明

- 桥接网络模式（bridged）下 VMware 虚拟出来的操作系统，和宿主机处于同一个局域网中，它可以访问宿主机所在网内的任何一台机器。宿主机所在局域网内的其他主机，也可以访问虚拟出来的操作系统。
- 网络地址转换模式（NAT）下 VMware 虚拟出来的操作系统（如果虚拟出来的操作系统有多个）处于同一个局域网中，但是虚拟出来的操作系统本身和宿主机不在同一个局域网中。虚拟出来的操作系统无法访问宿主机所在局域网内除宿主机以外的其他主机，其他主机也无法访问虚拟出来的操作系统。

由于本机中虚拟机模拟的是真实的项目开发过程中的服务器，需要和其他客户机通信，因此本机中涉及的网络连接全部采用桥接方式。

9）单击“下一步”按钮，选择磁盘使用类型，如图 9.11 所示。

10）单击“下一步”按钮，选择磁盘容量，如图 9.12 所示。

11）单击“下一步”按钮，指定磁盘文件，如图 9.13 所示。在选择虚拟机安装磁盘时，尽量选择剩余容量较大的磁盘。

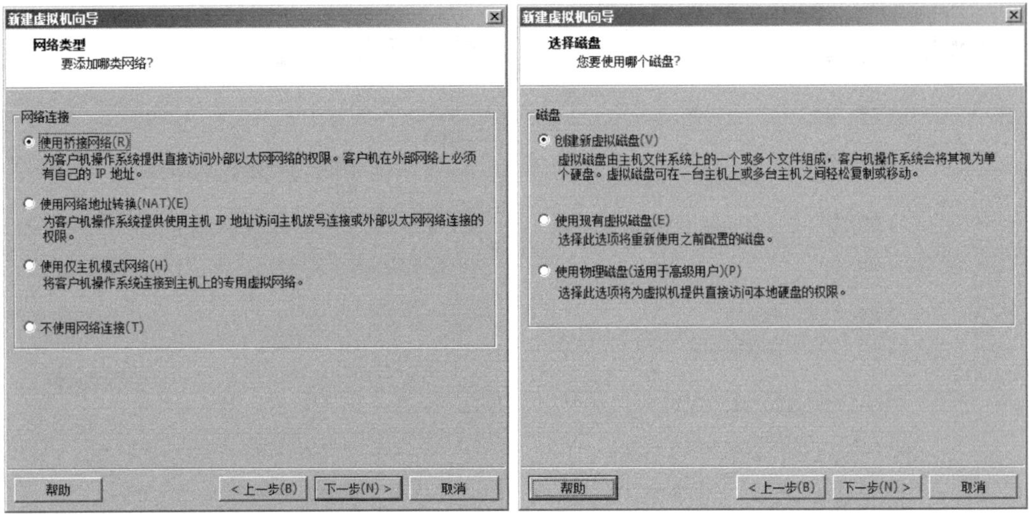

图 9.10　选择网络连接方式

图 9.11　选择磁盘类型

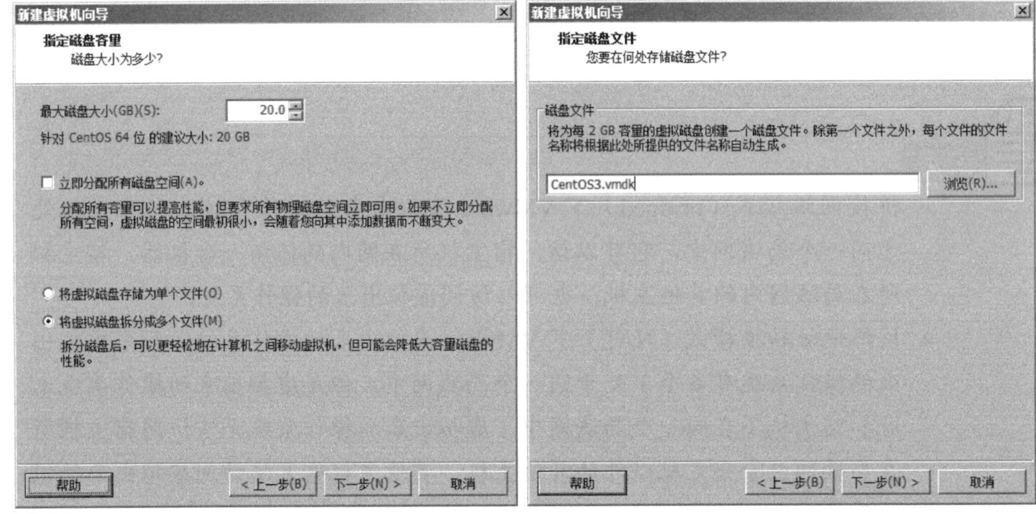

图 9.12　选择磁盘容量

图 9.13　指定磁盘文件

12）当以上步骤都完成之后，单击“下一步”按钮，系统将展示如图 9.14 所示的窗口。如果确认配置完成，则单击“完成”按钮。

13）单击“完成”按钮，系统将开始 CentOS 操作系统安装，在 CentOS 操作系统安装过程中选择 CentOS 桌面版进行安装。除此之外，整个过程无须进行任何其他操作。系统安装完成后，将展示如图 9.15 所示操作界面。

图 9.14　配置确认

图 9.15　开启虚拟机

技能训练

上机练习 1——在虚拟机环境下安装 CentOS 6.5 操作系统

➢ 需求说明

基于 VMware Workstation 12, Windows 7+（64 位）安装 CentOS 6.5 操作系统。

任务 2　掌握 Linux 文件系统

经验

➢ Linux 操作系统不同于我们常用的 Windows 操作系统，不要从理解个人机操作系统的角度去理解 Linux。

➢ Linux 的学习重点在于实践，一定要自己手动安装、配置和管理 Linux。

9.2.1　Linux 的目录和分区

完成 Linux 操作系统的安装，并成功启动系统后，使用安装时输入的用户名和密码进行登录。登录成功后，系统将展示 CentOS 的桌面，如图 9.16 所示。

双击“Computer”图标，打开 Computer 窗口，如图 9.17 所示。其中“Filesystem”是系统的文件目录结构入口的快捷方式。双击进入，我们将看到系统的一级目录，如图 9.18 所示。

图 9.16　CentOS 操作系统桌面

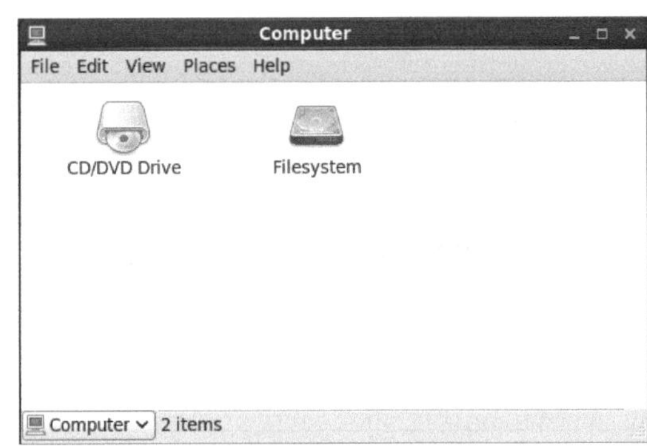

图 9.17　Filesystem 系统根目录

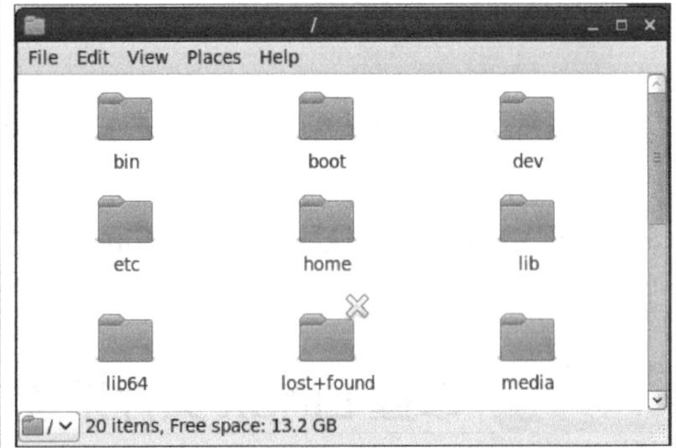

图 9.18　Linux 一级目录

在 Linux 操作系统中所有的设备（包括软件、硬件、文档）都属于文件，如一块 CPU、一个内存条或者一块磁盘。双击进入 dev 目录，可以查看本机中的硬件，每一个硬件都被当作文件，存放于 dev 目录下，如图 9.19 所示。

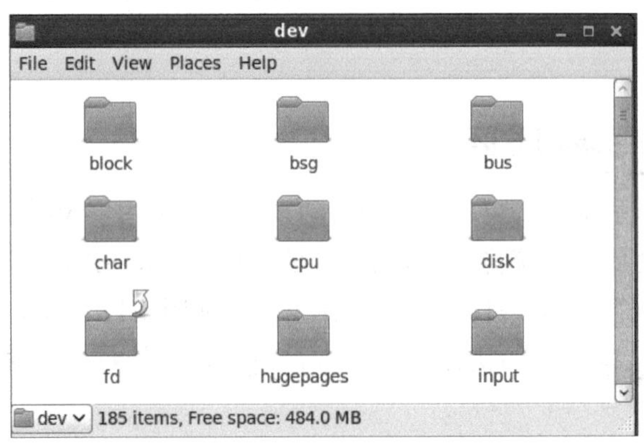

图 9.19　Linux 硬件文件列表

9.2.2　Linux 常用目录

以下是系统的一级目录，这些目录在 Linux 操作系统中都有着不同的用处。

- /var 包含在正常操作中被改变的文件：假脱机文件、记录文件、加锁文件、临时文件和页格式化文件等。
- /home 包含用户的文件：参数设置文件、个性化文件、文档、数据、EMAIL、缓存数据等，每增加一个用户，系统就会在 home 目录下新建和用户名同名的文件夹，用于保存其用户配置。
- /proc 包含虚幻的文件，它们实际上并不存在于磁盘上，也不占用任何空间（用 ls -l 可以显示它们的大小）。当查看这些文件时，实际上是访问存储在内存中的信息，这些信息用于访问系统。
- /bin 包含系统启动时需要的执行文件（二进制），这些文件可以被普通用户使用。
- /etc 为操作系统的配置文件目录（防火墙，启动项）。
- /root 为系统管理员（也叫超级用户或根用户）的 Home 目录。
- /dev 为设备文件目录。在 Linux 下设备被当成文件，这样一来硬件被抽象化，便于读写、网络共享以及需要临时装载到文件系统中。正常情况下，设备会有一个独立的子目录，设备的信息会出现在独立的子目录下。

9.2.3　Linux 中的目录操作

为了节省服务器资源，在选择安装 CentOS 时，一般不安装桌面。所以开发人员必须熟练使用 Linux 的常用命令来管理服务器。本节中我们将学习 Linux 的一些常见目录操作命令。首先我们需要进入命令行模式。

单击桌面左上角 Application → System Tools → Terminal 命令进入 Linux 命令行模式，如图 9.20 所示。

图 9.20　Linux 打开终端示意图 1

打开之后的终端和 Windows 下的命令行相似，如图 9.21 所示。

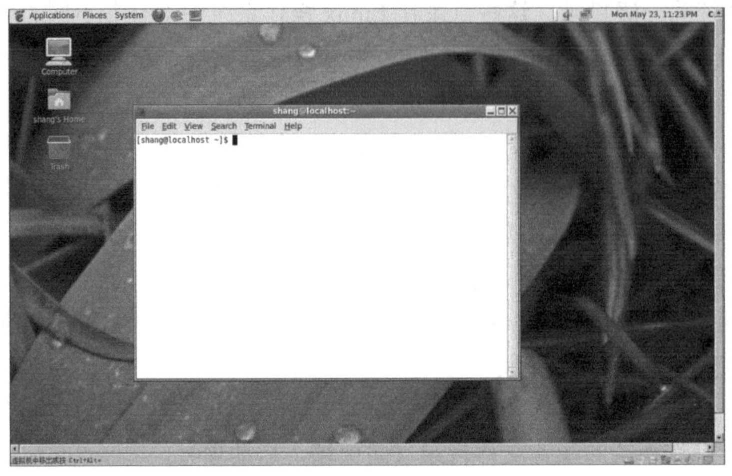

图 9.21　Linux 打开终端示意图 2

当用户打开终端，系统默认进入的是 /home 下的当前登录用户的用户主目录。如用户起名为 shang，则系统默认进入的是 /home/shang/ 目录。

在 Linux 系统中的目录路径或者文件路径分为绝对路径和相对路径。绝对路径指的是文件从根目录开始一直追踪到文件位置的路径，相对路径指的是相对于当前目录的路径。例如，/usr/local/tomcat/webapp/test.war 为绝对路径，webapp/test.war 为相对路径。Linux 下所有目录或者文件的操作命令，既可以用绝对路径作为参数，也可以用相对路径作为参数。

注意

- 如果 CentOS 没有安装桌面，则系统启动时会直接进入命令行模式。
- Linux 的命令严格区分大小写。

下面开始学习 Linux 操作系统常用的目录操作命令。

1. 查看当前目录命令 pwd

语法

```
pwd
```

使用 pwd 查看当前目录，如图 9.22 所示。

2. 打开文件夹命令 cd

语法

```
cd[ 选项 ][ 参数 ]
```

cd 命令的选项说明如表 9-1 所示。

图 9.22　使用 pwd 查看当前所在目录

表9-1　cd命令的常用选项

序　　号	取　　值	说　　明
1	-p	如果目录是符号链接，则进入实际的目录
2	-L	如果目录是符号链接，则进入链接的目录
3	-	单独的“-”表示返回进入本目录之前的目录

cd 命令的参数说明如表 9-2 所示。

表9-2　cd命令的常用参数

序　　号	取　　值	说　　明
1	/	打开根目录
2	文件夹名称 1	打开当前目录下的名称为“文件夹名称 1”的文件夹
3	../	. 代表上级目录，.. 代表上两级目录

cd 命令常见的使用方式。

- 打开指定目录：cd[目录名称]。
- 打开当前用户的主目录：cd ～。
- 返回上级目录：cd..。
- 返回进入目录：cd –。
- 打开根目录：cd /。

例如，使用 cd 命令打开当前目录和打开指定目录，效果如图 9.23 所示。其中，使用“cd /”命令和双击 Filesystem 打开的都是系统的一级目录。只不过 Filesystem 是系统提供给用户进入根目录的快捷方式而已。

3. 浏览目录下的文件列表命令 ls

语法

ls[选项]

ls 命令的选项说明如表 9-3 所示。

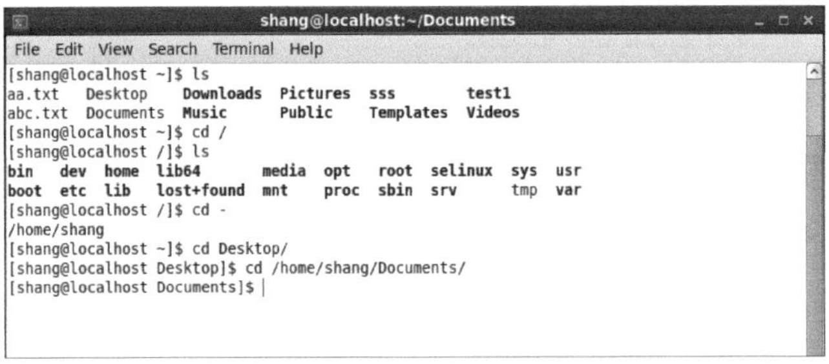

```
shang@localhost:~/Documents
File Edit View Search Terminal Help
[shang@localhost ~]$ ls
aa.txt   Desktop    Downloads  Pictures  sss        test1
abc.txt  Documents  Music      Public    Templates  Videos
[shang@localhost ~]$ cd /
[shang@localhost /]$ ls
bin   dev  home  lib64       media  opt   root  selinux  sys  usr
boot  etc  lib   lost+found  mnt    proc  sbin  srv      tmp  var
[shang@localhost /]$ cd -
/home/shang
[shang@localhost ~]$ cd Desktop/
[shang@localhost Desktop]$ cd /home/shang/Documents/
[shang@localhost Documents]$ |
```

图 9.23　cd 命令演示

表9-3　ls命令的常用选项

序　号	取　值	说　明
1	-a	查看目录下全部的文件或目录，包括隐藏文件
2	-l	将文件列表以列的方式展示出来，一行显示一个文件

ls 命令常见的使用方式。

- 以列的方式查看当前目录下的文件列表：ls -l。
- 查看当前目录下的所有文件（包括隐藏文件）：ls -a。
- 以列表的方式查看当前目录下的所有文件：ls -la。

例如，使用 ls 命令查看当前目录下的文件列表，效果如图 9.24 和图 9.25 所示。

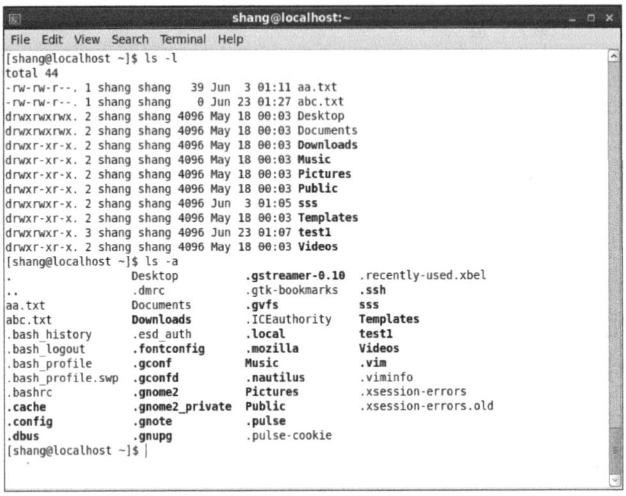

```
shang@localhost:~
File Edit View Search Terminal Help
[shang@localhost ~]$ ls -l
total 44
-rw-rw-r--. 1 shang shang   39 Jun  3 01:11 aa.txt
-rw-rw-r--. 1 shang shang    0 Jun 23 01:27 abc.txt
drwxrwxrwx. 2 shang shang 4096 May 18 00:03 Desktop
drwxrwxrwx. 2 shang shang 4096 May 18 00:03 Documents
drwxr-xr-x. 2 shang shang 4096 May 18 00:03 Downloads
drwxr-xr-x. 2 shang shang 4096 May 18 00:03 Music
drwxr-xr-x. 2 shang shang 4096 May 18 00:03 Pictures
drwxr-xr-x. 2 shang shang 4096 May 18 00:03 Public
drwxrwxr-x. 2 shang shang 4096 Jun  3 01:05 sss
drwxr-xr-x. 2 shang shang 4096 May 18 00:03 Templates
drwxrwxr-x. 3 shang shang 4096 Jun 23 01:07 test1
drwxr-xr-x. 2 shang shang 4096 May 18 00:03 Videos
[shang@localhost ~]$ ls -a
.                   Desktop          .gstreamer-0.10  .recently-used.xbel
..                  .dmrc            .gtk-bookmarks   .ssh
aa.txt              Documents        .gvfs            sss
abc.txt             Downloads        .ICEauthority    Templates
.bash_history       .esd_auth        .local           test1
.bash_logout        .fontconfig      .mozilla         Videos
.bash_profile       .gconf           Music            .vim
.bash_profile.swp   .gconfd          .nautilus        .viminfo
.bashrc             .gnome2          Pictures         .xsession-errors
.cache              .gnome2_private  Public           .xsession-errors.old
.config             .gnote           .pulse
.dbus               .gnupg           .pulse-cookie
[shang@localhost ~]$ |
```

图 9.24　ls 命令操作 1

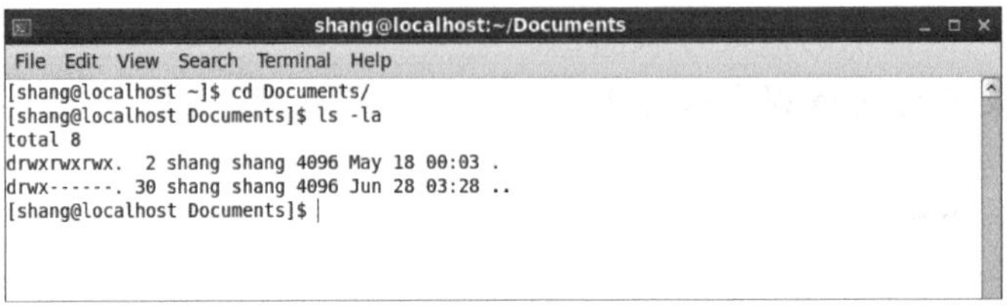

```
shang@localhost:~/Documents
File Edit View Search Terminal Help
[shang@localhost ~]$ cd Documents/
[shang@localhost Documents]$ ls -la
total 8
drwxrwxrwx.  2 shang shang 4096 May 18 00:03 .
drwx------. 30 shang shang 4096 Jun 28 03:28 ..
[shang@localhost Documents]$ |
```

图 9.25　ls 命令操作 2

4. 创建文件目录命令 mkdir

语法

mkdir[选项] 目录名称

mkdir 命令的常用选项如表 9-4 所示。

表9-4　mkdir命令的常用选项

序　号	取　值	说　明
1	-m	设定文件的权限，后边可以跟权限标识
2	-p	帮助用户直接将所需要的目录递归建立起来
3	缺省	直接创建文件目录

mkdir 命令常见的使用方式。

- 新建文件目录：mkdir 文件夹名称。
- 递归新建多级目录：mkdir -p 文件夹名称。

例如，在用户主目录下新建 test 目录，在 test 目录下递归新建 test1、test2、test3 文件目录，如图 9.26 所示。

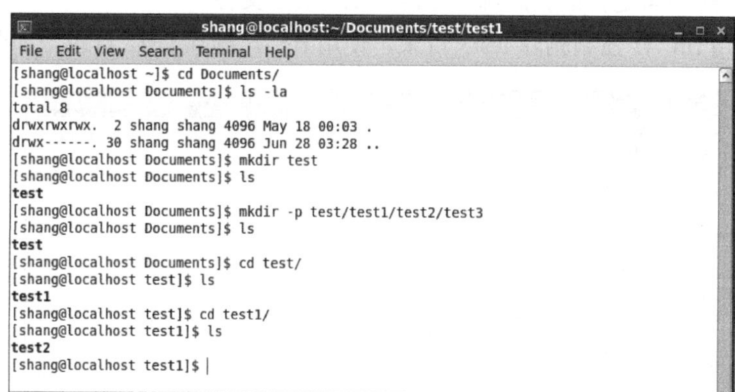

图 9.26　mkdir 创建目录

5. 删除文件目录命令 rmdir

语法

rmdir[选项] 目录名称

rmdir 命令的常用选项如表 9-5 所示。

表9-5　rmdir命令的常用选项

序　号	取　值	说　明
1	-p	递归将所有层级目录都删除
2	缺省	删除指定的目录

rmdir 命令常见的使用方式。

➢ 删除指定目录：rmdir 目录名称。

➢ 递归删除指定目录及中间目录：rmdir -p 目录名称。

6. 删除文件或者目录命令 rm

语法

rm[选项] 文件或目录

rm 命令的常用选项如表 9-6 所示。

表9-6　rm命令的常用选项

序　号	取　值	说　明
1	-f	强制删除指定的文件
2	-i	互动模式，在删除前会询问使用者是否删除
3	-r	递归删除

rm 命令常见的使用方式。

➢ 强制删除文件或目录：rm -rf 目录或者文件。

➢ 在删除前询问是否确认删除：rm -ri 目录或者文件。

例如，使用 rm –rf 强制删除 test3 目录，使用 rm -ri 删除 test2 目录，如图 9.27 所示。

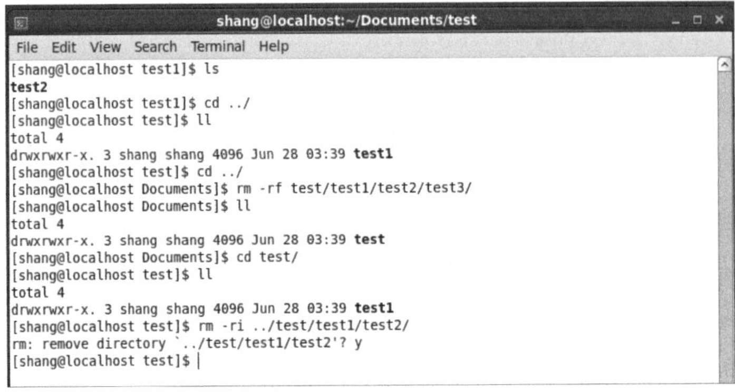

图 9.27　rm 删除文件

注意

➢ 因为强制删除的后果难以挽回，一般不推荐使用 rm -rf 进行文件删除。

➢ rm 命令中不跟 r 参数，无法删除目录，只能删除文件。

7. 复制文件或目录命令 cp

语法

cp[选项][目录 1 名称][目录 2 名称]

cp 命令的常用选项如表 9-7 所示。

表9-7　cp命令的常用选项

序　号	取　值	说　明
1	-r	递归持续复制，用于目录的复制行为
2	-f	为强制（force）的意思，当有重复或其他疑问时，不会询问使用者，而是强制复制
3	-p	保存源文件和目录的属性
4	-i	覆盖既有目录之前先询问用户

cp 命令常见的使用方式。

- 递归复制目录 1 的所有文件和文件夹到目录 2：cp -r [目录 1][目录 2]。
- 执行复制操作时覆盖原有目录前询问用户：cp -ri [目录 1][目录 2]。

cp 命令应用效果如图 9.28 所示。

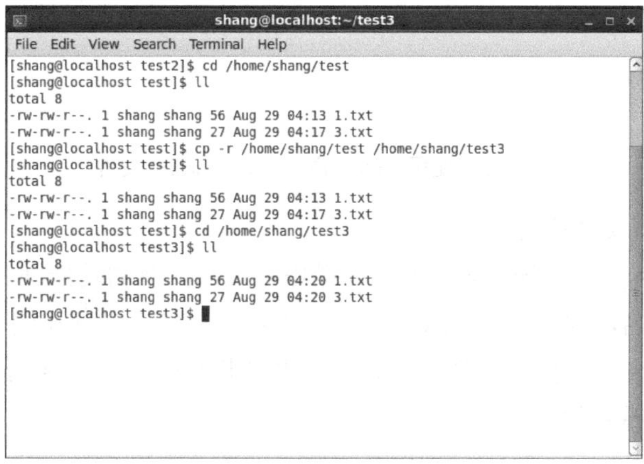

图 9.28　cp 复制文件

8. 移动文件、修改文件名命令 mv

语法

mv[选项] 源文件或者目录目标文件或者目录

mv 命令的常用选项如表 9-8 所示。

表9-8　mv命令的常用选项

序　号	取　值	说　明
1	-b	若需覆盖文件，则覆盖前先备份
2	-f	若已经存在目标文件，则强制覆盖
3	-i	若目标文件已存在，则会询问是否覆盖
4	缺省	直接移动文件

mv 命令常见的使用方式。

- 将文件 1 的名称更改为文件 2：mv 文件 1 文件 2。
- 将目录 1 的文件移动到目录 2：mv 目录 1 目录 2。

9.2.4 Linux 中的文件操作

以上文件目录的操作命令，在以后的服务器管理中会经常用到，需要熟练掌握其常见使用方式。接下来开始学习 Linux 操作系统中文件操作的相关命令。

1. **创建文件命令** touch

语法

touch 文件名称

例如，在用户主目录下创建 abc.txt 文件，如图 9.29 所示。

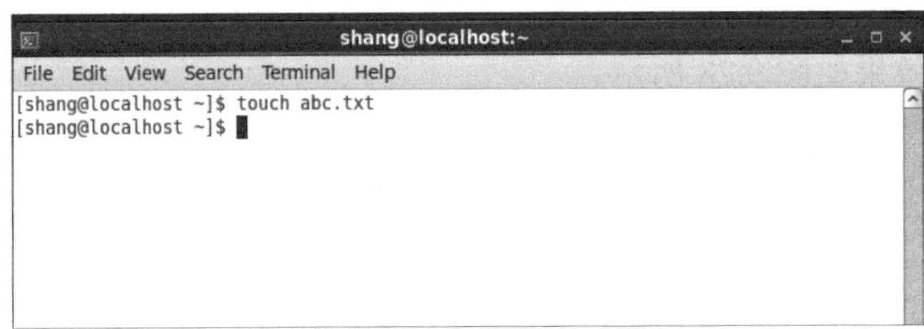

图 9.29 使用 touch 命令创建 abc.txt 文件

2. **查看、编辑文件命令** vi

vi 命令为 UNIX 操作系统或者类 UNIX 操作系统都具有的功能强大的文件编辑命令，用户输入 vi+ 文件名，便可以进入 vi 模式进行文件内容的查看和编辑。如果文件已经存在，则直接打开文件；如果文件不存在，则系统将打开一个全新的空文件。

vi 命令的 3 种模式如下。

（1）命令模式

当用户使用 vi 命令打开文件后，则进入命令模式，用户可以输入命令来执行很多功能。在 vi 命令模式下的常用命令如表 9-9 所示。

表9-9 vi命令模式的常用命令

序 号	取 值	说 明
1	L	光标移至屏幕最后一行
2	space	光标右移一个字符
3	backspace	光标左移一个字符
4	N+	光标向上移动 *N* 行
5	n+	光标向下移动 *n* 行

（2）输入模式

如果用户要对文件做修改，则可以键入以下命令进入输入模式 I（i）、A（a）、O（o）。

用户进入输入模式之后可以随意修改文件。除了 Esc 键外，用户输入的任何字符都会被作为内容写入文件，用户输入 Esc 可以对文件内容进行相关操作，常用命令如表 9-10 所示。

表9-10　vi输入模式下的常用命令

序　　号	取　　值	说　　明
1	a，i，r，o，A，I，R，O	编辑模式
2	dd	删除光标当前行
3	ndd	删除 *n* 行

（3）末行模式

如果用户完成文件编辑，则可以按下 Esc+“:”组合键进入末行模式，可以对文件内容继续进行搜索，也可以输入“:wq!”进行文件保存并退出，或者输入“:q!”强制退出文件编辑，如图 9.30 所示。末行模式的相关命令如表 9-11 所示。

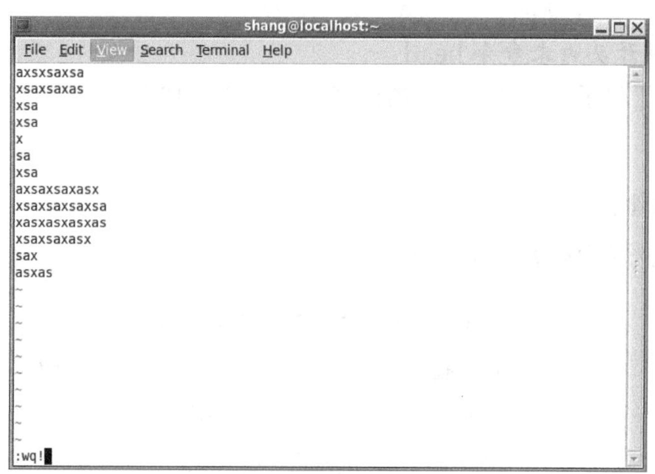

图 9.30　vi 末行模式

表9-11　vi末行模式下的相关命令

序　　号	取　　值	说　　明
1	:wq!	保存并退出
2	:q!	强制退出
3	:s/ 字符串 1/ 字符串 2	将文件中出现的字符串 1 替换成字符串 2
4	:set nu	显示所有的行号

了解 vi 命令操作请扫描二维码。

vi 命令

3. **查看、编辑文件命令 cat**

cat 命令用于显示文件的全部内容，如果文件较大，则会翻屏显示，所以 cat 命令适合打开内容较少的文件。当使用 [cat 文件名称] 打开文件后，可以输入相应的内容，系统将自动保存文件内容。按下 Ctrl+D 组合键将退出文件编辑。

语法

cat[- 参数选项] 文件名称

cat 命令的参数说明如表 9-12 所示。

表9-12　cat命令选项说明

序　号	取　值	说　明
1	>	创建并打开一个新的文件
2	缺省	展示文件内容

cat 命令常见的使用方式。

- 显示一个小的文件的内容：cat 文件名称。
- 创建并打开一个新的文件：cat > 文件名称。

4. 查看文件开头内容命令 head

head 命令用于显示指定文件开头的内容（默认显示 10 行）。

语法

head[参数][文件]

head 命令的选项说明如表 9-13 所示。

表9-13　head输入模式下的选项命令

序　号	取　值	说　明
1	-n	< 行数 > 显示的行数
2	默认	默认显示文件前 10 行数据

例如，使用 head 命令显示某个文件开始的 n 行数据：head -n 文件名称。

5. 查看文件结尾内容命令 tail

tail 命令用于显示指定文件结尾的内容（默认显示 10 行）。

语法

tail[- 参数选项] 文件名称

tail 命令的选项说明如表 9-14 所示。

表9-14　tail输入模式下的选项命令

序　号	取　值	说　明
1	-f	该参数用于监视 File 文件的增长，文件内容更新后，终端显示也将动态更新
2	-n Number	从倒数第 Number 行位置读取指定文件的全部内容

tail 命令常见的使用方式。

- 动态加载某个文件的内容（常用于查看日志文件）：tail -f 文件名称。
- 展示文件最后几行的数据：tail -n 行数文件名称。

技能训练

上机练习 2——使用文件目录和文件的操作命令

- 需求说明

（1）在用户主目录下递归创建 test/java/javaEE/ 文件目录。

（2）进入 test/java/javaEE/ 目录并创建 temp/ 文件目录。

（3）在 temp 目录下新建 myInfo.txt 文件。

（4）在 myInfo.txt 文件中增加以下内容，编辑完成后保存文件。

Hello!I am a java enginner.

Hello!I am a hadoop enginner.

I love java.I love life.

（5）将 myInfo.txt 第二行中的 hadoop 替换成 mongoDB 并保存文件。

（6）在 myInfo.txt 第二行到第三行之间插入以下语句，编辑完成后保存文件。

Linux is fun.

（7）查看 myInfo.txt 的第一行信息。

（8）查看 myInfo.txt 的第二行信息。

（9）将 test/java/javaEE/temp/myInfo.txt 重命名为 wangmingInfo.txt。

（10）复制 wangmingInfo.txt 到 test/java/javaEE/student 目录。

（11）删除原来的 temp 目录。

任务 3　掌握 Linux 的权限管理

以上我们学习了 Linux 操作系统中对目录和文件的一些命令操作，作为一个优秀的服务器操作系统，简单易用还远远不够。例如，我们之前提到的删除威力比较大的 rm -rf，一旦有恶意用户删除了重要的系统文件，后果将是无法想象的。这里就必须说到服务器的安全性了。Linux 操作系统之所以能在众多的服务器中脱颖而出成为佼佼者，还在于其完备的权限管理机制。

9.3.1　Linux 的用户和用户组

用户是指一个操作系统中一系列权限的集合体。操作人员通过用户名和口令可以在系统中执行某一些被允许的操作，不同的用户可以具有不同的权限。Linux 操作系统中每个用户都具有唯一标识 UID。当使用命令创建用户时，如果不指定用户的 UID，则系统将自动为其分配 UID。

用户组就是具有相同特征的用户的集合体。在 Linux 系统中，每一个用户都属于至少一个用户组。Linux 操作系统中的每个用户分组都具有唯一标识 GID。当使用命令创建用户组时，如果不指定用户组的 GID，则系统将自动为其分配 GID。

注意

当使用 -u 指定用户 id 时，用户 id 应尽量大于 500，以免冲突。因为 Linux 操作系统安装后，会默认建立一些用户，所以可能会占用 500 之内的 id 号。

Linux 权限机制有以下特点。

- 系统有一个权限最大的用户，其名称为 root，root 用户属于 root 用户组。
- 系统默认只有 root 权限可以添加和删除用户。
- 添加用户之后，如果没有给用户指定用户组，则系统会为用户添加一个同名的用户组，让用户属于该组。
- root 切换到普通用户无须登录，普通用户切换到 root 用户则需要登录。
- root 可以给用户赋予和收回对某一个文件的读、写、执行的权限。

9.3.2 Linux 的用户操作

1. *切换用户命令* su

语法

su[用户名]

或

su –[用户名]

例如，使用 su 命令切换到 root 用户，如图 9.31 所示。

图 9.31 su 切换用户

注意

su[用户名] 和 su –[用户名] 都可以用于切换用户。su[用户名] 类似于临时切换用户，当使用该命令切换新用户时，仍然沿用原来的用户配置，如环境变量、系统设置等。而使用 su –[用户名] 进行用户切换时，环境变量、系统设置等全部切换成新用户的用户配置。

2. 查看当前登录用户命令 whoami

语法

whoami

例如，查看当前登录用户名，如图 9.32 所示。

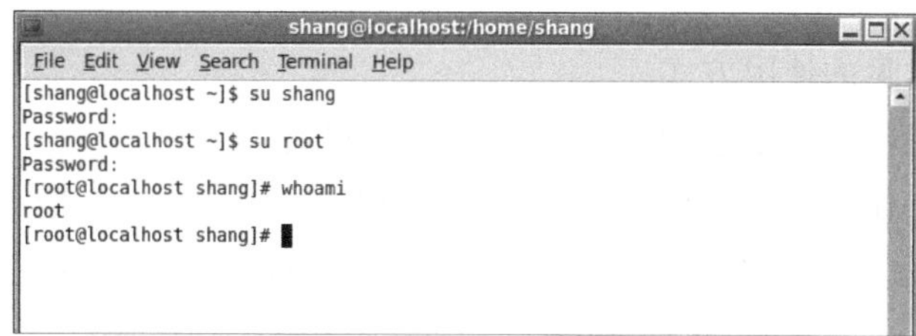

图 9.32　使用 whoami 显示当前用户

3. 查看当前用户所属分组命令 groups

语法

groups

例如，查看当前登录用户的分组信息，如图 9.33 所示。

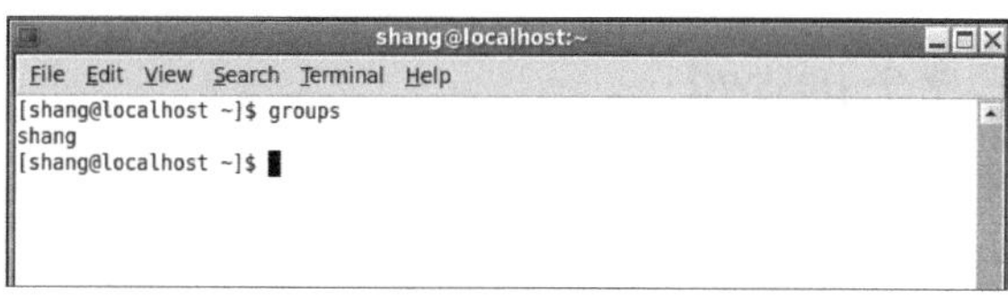

图 9.33　使用 groups 展示当前用户分组

4. 查看当前用户 UID 和 GID 命令 id

语法

id

5. 添加新用户命令 useradd

语法

useradd[选项][用户名]

useradd 命令的选项说明如表 9-15 所示。

表9-15　useradd相关选项说明

序　号	取　值	说　明
1	-c	代表 comment，表示一段注释性描述
2	-d	指定用户主目录
3	-g	指定用户所属的用户组

续表

序　号	取　值	说　明
4	-G	指定用户所属的附加组
5	-u	指定用户的用户号
6	缺省	直接添加用户

useradd 命令常见的使用方式。

- 在 Linux 操作系统中添加用户：useradd 用户名。
- 在 Linux 操作系统中添加用户并指定用户 UID：useradd -u 指定的 UID 用户名。

例如，在 Linux 操作系统中新建 test1 用户，效果如图 9.34 所示。

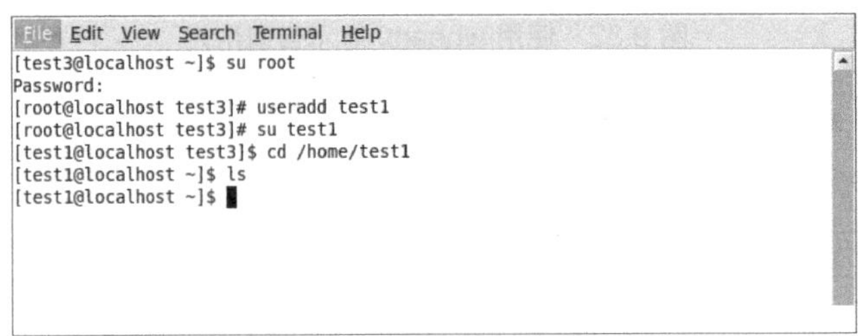

图 9.34　useradd 添加用户

6. 修改用户密码命令 passwd

语法

passwd[选项][参数]

passwd 命令的选项说明如表 9-16 所示。

表9-16　passwd修改用户密码选项说明

序　号	取　值	说　明
1	-d	删除密码，仅有系统管理员才能使用
2	-f	强制执行
3	-k	设置只有密码过期后才能更新
4	-l	锁住密码
5	-s	列出密码的相关信息，仅有系统管理员才能使用
6	-u	解开已上锁的账号

例如，修改当前用户名为 shang 的用户的密码，效果如图 9.35 所示。

注意

在添加用户之后，只有为其设置密码，用户才能登录。

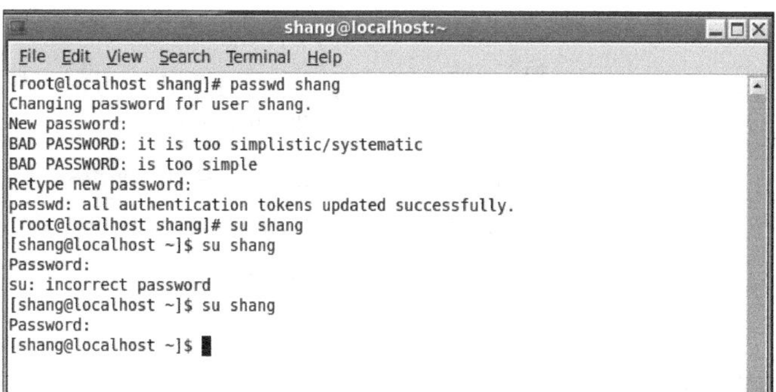

图 9.35　passwd 修改用户的密码

7. 删除用户命令 userdel

语法

userdel[选项][用户名]

选项说明如表 9-17 所示。

表9-17　userdel删除用户选项说明

序　号	取　值	说　明
1	-r	删除用户及其登录日志等信息
2	-f	强制删除用户，即使用户已经登录
3	缺省	直接删除用户

userdel 命令常见的使用方式。

- 删除用户：userdel 用户名。
- 删除用户同时删除其登录信息：userdel -r 用户名。

8. 修改用户信息命令 usermod

语法

usermod[选项][参数][用户名]

usermod 命令的选项说明如表 9-18 所示。

表9-18　usermod修改用户信息选项说明

序　号	取　值	说　明
1	-c	修改用户账号的备注文字
2	-d	修改用户登录时的目录
3	-e	修改账号的有效期
4	-f	修改密码过期后多少天关闭账号
5	-g	修改用户所属的群组
6	-G	修改用户所属附加组

续表

序　号	取　值	说　明
7	-l	修改用户账号名称
8	-L	锁定用户密码，使密码无效
9	-u	修改用户 id
10	-U	解除密码锁定

usermod 命令常见的使用方式。

- 修改用户登录名：usermod -l 新用户名 旧用户名。
- 修改用户所属分组：usermod -g 新组名称 用户名。

例如，修改用户的登录名，以及修改用户所属分组，如图 9.36 所示。

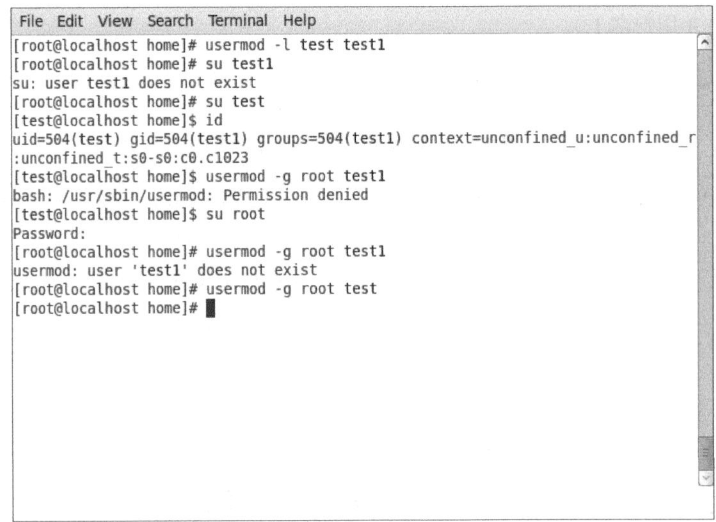

```
[root@localhost home]# usermod -l test test1
[root@localhost home]# su test1
su: user test1 does not exist
[root@localhost home]# su test
[test@localhost home]$ id
uid=504(test) gid=504(test1) groups=504(test1) context=unconfined_u:unconfined_r
:unconfined_t:s0-s0:c0.c1023
[test@localhost home]$ usermod -g root test1
bash: /usr/sbin/usermod: Permission denied
[test@localhost home]$ su root
Password:
[root@localhost home]# usermod -g root test1
usermod: user 'test1' does not exist
[root@localhost home]# usermod -g root test
[root@localhost home]#
```

图 9.36　修改用户的登录名以及用户所属分组

9. 添加用户组命令 groupadd

语法

groupadd[选项][组名称]

groupadd 命令的选项说明如表 9-19 所示。

表9-19　groupadd添加用户组选项说明

序　号	取　值	说　明
1	-g	指定工作组的 id
2	-r	创建系统工作组
3	-o	允许添加组 ID 不唯一的工作组
4	缺省	添加用户分组

groupadd 命令常见的使用方式。

➢ 修改用户登录名：groupadd 组名。

➢ 修改用户所属分组：groupadd -g 组 GID 组名。

例如，添加用户分组名称为 test3 的用户分组，如图 9.37 所示。

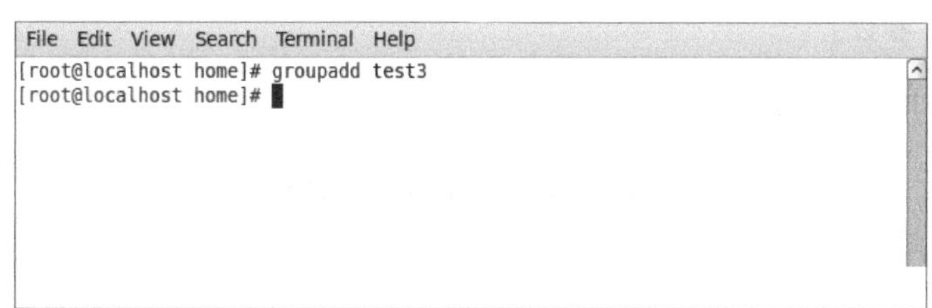

图 9.37　添加用户分组

9.3.3　Linux 的权限操作

Linux 操作系统为文件定义了读、写、执行 3 种权限，不同的用户或者用户组可以具有不同的权限。系统采用了“r”“w”“x”来分别表示文件的读、写、执行权限。使用之前学习的 ls -l 命令就可以查看到用户在当前目录或者文件的操作权限，如图 9.38 所示。

```
shang@localhost:~
File Edit View Search Terminal Help
[shang@localhost ~]$ ll
total 44
-rw-rw-r--. 1 shang shang    0 Jun 28 03:50 2.txt
-rw-rw-r--. 1 shang shang   39 Jun  3 01:11 aa.txt
-rw-rw-r--. 1 shang shang    0 Jun 23 01:27 abc.txt
drwxrwxrwx. 2 shang shang 4096 May 18 00:03 Desktop
drwxrwxrwx. 3 shang shang 4096 Jun 28 03:37 Documents
drwxr-xr-x. 2 shang shang 4096 May 18 00:03 Downloads
drwxr-xr-x. 2 shang shang 4096 May 18 00:03 Music
drwxr-xr-x. 2 shang shang 4096 May 18 00:03 Pictures
drwxr-xr-x. 2 shang shang 4096 May 18 00:03 Public
drwxrwxr-x. 2 shang shang 4096 Jun  3 01:05 sss
drwxr-xr-x. 2 shang shang 4096 May 18 00:03 Templates
drwxrwxr-x. 3 shang shang 4096 Jun 23 01:07 test1
drwxr-xr-x. 2 shang shang 4096 May 18 00:03 Videos
[shang@localhost ~]$ |
```

图 9.38　使用 ls 查看文件权限

在图 9.38 展示的文件列表中，首位字母代表文件类型（d 代表目录，– 代表文件），接下来的 9 位字符每三位分别代表文件拥有者、同组用户、其他用户的权限，详细解释如示例 1 所示。

示例 1

drwxr -xr -x. 2 root root　　4096 Sep 23　2011 bin

从左至右分别代表如下含义。

➢ d: 代表 bin 是目录而不是文件。

➢ rwx：代表拥有者具有读、写、执行的权限。

➢ r -x：代表同组用户具有读、执行的权限，但是没有写权限。
➢ r -x：代表其他组用户具有读、执行的权限，没有写权限。

常用的变更权限命令为 chmod。

语法

```
chmod[ 选项 ][ 参数 ]
```

chmod 命令的选项说明如表 9-20 所示。

表9-20　chmod变更权限选项说明

序　号	取　值	说　明
1	-c	显示指令执行过程，但只返回更改的部分
2	-f	不显示错误信息
3	-r	递归授权
4	-v	显示指令执行过程

chmod 的参数可以分为两种，分别是权限模式和数字模式。

（1）权限模式：权限模式使用 u、g、o 分别代表拥有者、同组用户、其他组用户，使用 + 和 - 代表赋予和收回权限，使用 r、w、x 代表读、写、执行的权限，如示例 2 所示。

示例 2

➢ 将文件 f01 的执行权限赋给当前用户，将写权限赋给用户所在的用户组。

```
>chmod –r U+X,G+W f01
```

➢ 将文件 f01 的读、写、执行权限赋给当前用户，将读、写权限赋给用户所在的用户组和其他用户。

```
>chmod -r u=rwx， g=rw， o=rw f01
```

（2）数字模式：为了简化授权步骤，用户也可以采用数字模式进行授权，使用二进制的形式代表 r、w、x 三种权限，如 101（5）=r-x，111（7）=rwx,100（4）=r--，如示例 3 所示。

示例 3

➢ 将文件 f01 的读、写、执行权限赋给当前用户，将读和执行权限赋给用户组，将写和执行权限赋给其他用户。

```
>chmod 753 –r f01
```

➢ 将文件 f01 的读、写、执行权限赋给所有用户。

```
>chmod 777 –r f01
```

了解权限操作请扫描二维码。

权限操作

技能训练

上机练习 3——Linux 操作系统下用户的赋权操作

➢ 需求说明

（1）由当前用户切换到 root 用户。

（2）使用 root 用户新建 test 用户。

（3）给 test 用户新建密码并切换到 test 用户，然后查看 test 用户的用户组、用户、UID、GID，并打开 test 用户主目录。

（4）在 test 用户下建 test.info 文件，在 test.info 文件中输入 I am a tester，保存文件。

（5）查看文件权限。确定当前用户、用户组、其他用户对 test.info 文件的权限。

（6）将 test.info 文件的读、写权限赋给组用户，将 test.info 文件的读、执行权限赋给其他用户。

（7）将 test 用户加入 root 组，查看 test 用户对 test.info 的权限。

（8）切换到 root 用户，新建 test2 用户组，将 root 用户所属分组修改为 test2。

（9）删除 test 用户。

任务 4　掌握 Linux 的进程管理

9.4.1　程序和进程

进程是操作系统的概念，每当我们执行一个程序时，对于操作系统来讲就创建了一个进程。在这个过程中，伴随着资源的分配和释放，可以认为进程是一个程序的一次执行过程。程序是静态的，它是一些保存在磁盘上的指令的有序集合，没有任何执行的概念。进程是一个动态的概念，它是程序执行的过程，包括创建、调度和消亡。例如，我们经常使用的 MySQL，当 MySQL 打包好传输到服务器上时，这时候 MySQL 只是一个完整的数据库程序，当用户启动 MySQL 服务并成功后，系统则会为 MySQL 创建一个进程，MySQL 进程具有自己独立的资源。和 Windows 操作系统运行程序类似，每一个程序都会有一个程序启动的入口文件，Windows 操作下是某一个 .exe 文件，Linux 下一般为 .sh 文件。

9.4.2　Linux 的进程操作

在 Linux 的应用中，我们需要对进程进行管理，如查看某个进程是否启动，以及在必要的时刻杀掉某个进程。

1. **查看进程命令** ps

ps 命令是 Linux 操作系统查看进程的命令。通过 ps 命令我们可以查看 Linux 操作系统中正在运行的进程，并可以获得进程的 PID（进程的唯一标识）。通过 PID 可以对进程进行相应的管理。

语法

```
ps -ef|grep[ 进程关键词 ]
```

根据进程关键词查询进程命令如示例 4 所示。显示的进程列表中第一列表示开启进程的用户，第二列表示进程唯一标识 PID，第三列表示父进程 PPID，第四列表示 CPU 占用的资源比例，最后一列表示进程所执行程序的具体位置。

示例 4

```
[shang@localhost ~]$ ps -ef|grep sshd
root        1829     1  0 May24 ?        00:00:00 /usr/sbin/sshd
shang      24166 24100  0 20:17 pts/2    00:00:00 grep sshd
[shang@localhost ~]$
```

2. 杀掉进程命令 kill

当系统中有进程进入死循环，或者需要被关闭时，可以使用 kill 命令对其进行关闭，具体用法如下。

语法

```
Kill -9 [PID]
```

PID 为 Linux 操作系统中进程的标识。

任务 5 使用 Linux 的其他常用命令

在任务 2 至任务 4 中，介绍了一些常用的命令。在使用 Linux 操作系统时，可能还会遇到其他一些命令。

1. 清屏命令 clear

语法

```
clear
```

2. 查询命令详细参数的命令 man

语法

```
man[ 命令名称 ]
```

3. 挂载命令 mnt

语法

```
mnt[ 设备名称 ][ 挂载点 ]
```

本章总结

- Linux 是一个优秀的开源的操作系统。在 Linux 系列操作系统中，有应用于个人桌面的操作系统，也有应用于服务器的操作系统。
- Linux 操作系统中的有完备的权限管理机制，对同一个文件，不同用户或用户组可以具有不同的权限。
- Linux 操作系统中的用户指的是可以登录到 Linux 的管理员，Linux 用户都具有唯一标识 UID。
- Linux 操作系统中的用户组指的是一批用户的集合，使用用户组可以对组内的用户统一授权。
- Linux 操作系统对文件的操作权限分为 3 种，即读权限（r）、写权限（w）和执行权限（x）。
- 真实开发中我们会使用命令方式来管理 Linux 操作系统，常用的 Linux 操作命令有 cd、mkdir、cp、rm、vi、ps、chmod、kill、tail、head 等。

本章练习

1．建立两个用户组 group1 和 group2，以及 3 个用户 user1、user2、user3，并且将前两个用户分配在 group1 用户组下，后一个用户分配在 group2 用户组下。

2．当前 test.txt 的所属用户为 root，所属用户组为 abc，请将 test.txt 所属用户改为 abc，所属用户组改为 root，写出命令。

3．简述 Linux 文件系统的特点。

4．设计一个权限系统，内部有两个用户，其中一个用户属于 root 组，有 mysql 启动权限，另一个用户有 tomcat 启动权限。请写出操作命令。

随手笔记

第 10 章

Linux 系统软件安装及项目发布

技能目标

- 会使用工具远程管理 Linux 操作系统
- 会在 Linux 系统下安装相关软件
- 会使用 SSH 工具部署、 管理项目

本章任务

学习本章，需要完成以下 4 个工作任务。记录学习过程中遇到的问题，可以通过自己的努力或访问 kgc.cn 解决。

任务 1：实现远程连接 Linux 服务器

任务 2：了解 Linux 中的软件安装方式

任务 3：掌握 Linux 软件安装的常用命令

任务 4：在 Linux 中安装常用软件

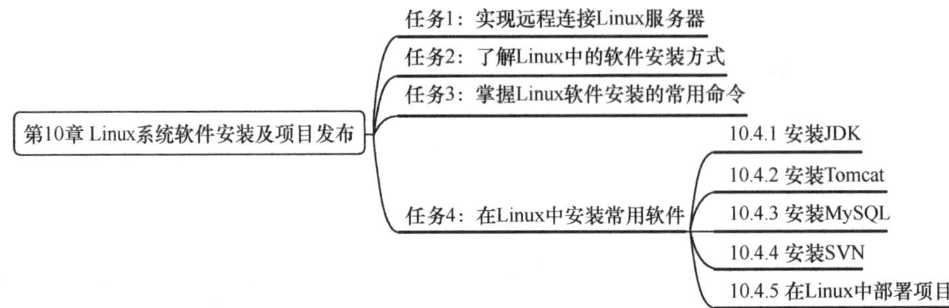

任务 1 实现远程连接 Linux 服务器

为了操作方便，在日常的实际开发中，一般选择使用远程工具来管理 Linux 服务器。由于在 Linux 下的远程连接和操作都是基于 SSH 协议的，因此一般称这些远程管理工具为 SSH 工具。常用的 SSH 工具有 Xmanager、SecureCRT、PuTTY。本章使用 Xmanager 5.0 来进行服务器管理，使用在虚拟机中安装的 Linux 操作系统作为远程连接的服务器。

1. 开启 VMware Authorization Service 服务

查看宿主机运行的服务中 VMware Authorization Service 服务是否为开启状态，如果没有开启，则启动该服务，如图 10.1 所示。

图 10.1 宿主机 VMware Authorization Service 的服务状态

2. 查看虚拟机网卡状态

在“控制面板 \ 网络”和“Internet\ 网络连接”中查看名称为 VMware Network Adapter VMnet 的两块网卡是否均为启用状态，如图 10.2 所示（VMware Network Adapter VMnet 为虚拟网卡，在用户安装虚拟机操作系统完成后，由系统自动创建）。

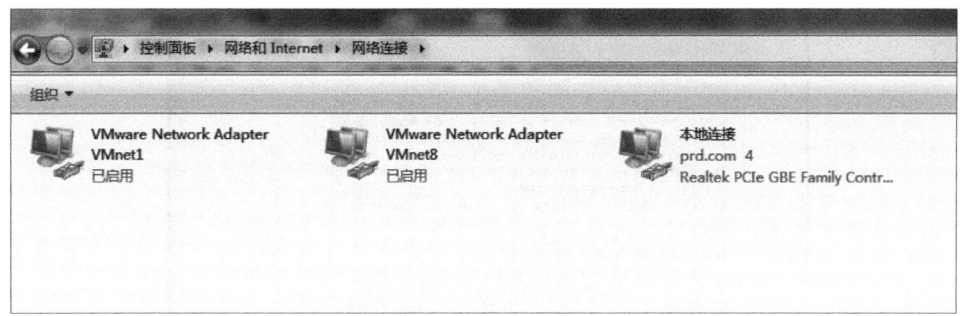

图 10.2　虚拟网卡状态

3. 虚拟机网络配置

查看虚拟机中的网络配置，确认其设备状态为启动时连接，网络连接方式为桥接方式，如图 10.3 所示。

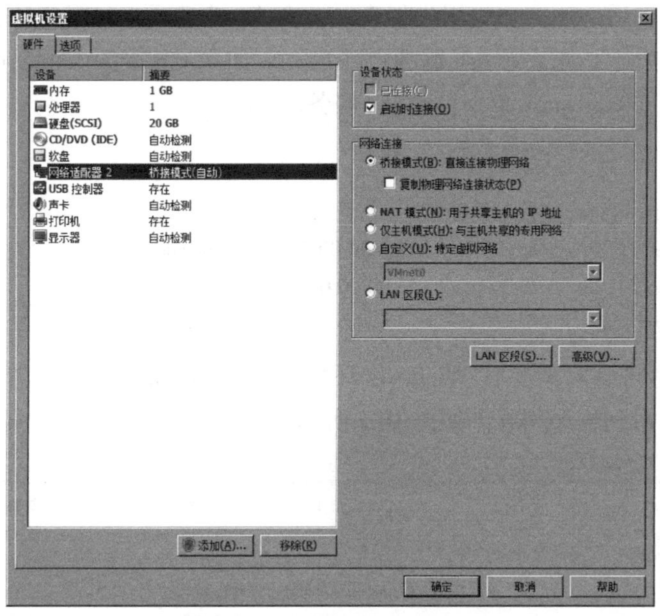

图 10.3　查看 Linux 网络配置

接下来需要获得服务器 IP 地址。打开服务器终端，输入 ifconfig 命令即可查看服务器 IP 地址，如图 10.4 所示。

其中，eth1 和 lo 是系统为虚拟机配置的两块网卡，eth1 为普通网卡，lo 为环回网卡。如果输入 ifconfig 命令后系统没有显示 eth1 网卡，则首先需要查看虚拟机的网络配置是否为桥接方式。修改虚拟机网络配置完成后，可使用以下命令重启虚拟机网卡。

启用网卡命令为 ifconfig [网卡标示] up。

关闭网卡命令为 ifconfig [网卡标示] down。

重启网卡之后，如果系统没有被分配 IP，则可以使用 dhclient 命令重新获得 IP 地址。

重新获得 IP 地址命令为 dhclient。

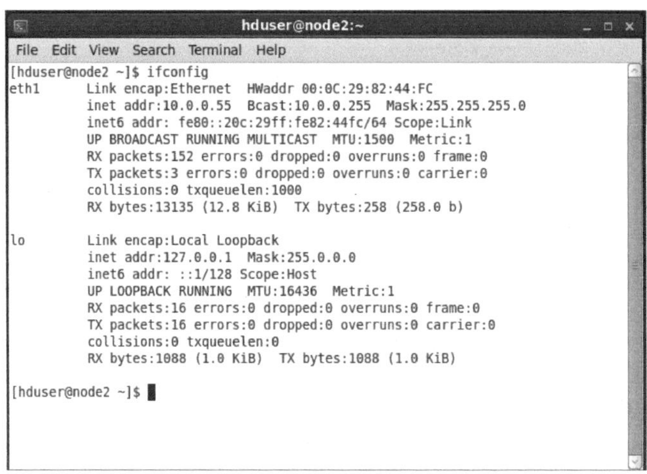

图 10.4　使用 ifconfig 命令查看本机 IP 地址

上述操作完成后，还需要使用进程查看命令“ps”查看 ssh 服务是否启动。如果输出结果如示例 1 所示，则表示 ssh 服务已经启动。如果 ssh 服务未出现在进程列表中，则可以使用 service sshd start 命令启动 ssh 服务。

示例 1

```
[shang@localhost ~]$ ps -ef|grep "sshd"
root        1829      1   0 May24 ?        00:00:00 /usr/sbin/sshd
shang      24166 24100   0 20:17 pts/2    00:00:00 grep sshd
[shang@localhost ~]$
```

上述操作完成后，需要在 Windows 环境下安装 Xmanager 5.0，安装成功后打开 Xmanager 5 可以看到程序列表，如图 10.5 所示。

Xbrowser	2016/5/18 16:36	快捷方式	2 KB
Xconfig	2016/5/18 16:36	快捷方式	2 KB
Xftp	2016/5/18 16:36	快捷方式	2 KB
Xlpd	2016/5/18 16:36	快捷方式	3 KB
Xmanager - Broadcast	2016/5/18 16:36	快捷方式	2 KB
Xmanager - Passive	2016/5/18 16:36	快捷方式	2 KB
Xshell	2016/5/18 16:36	快捷方式	2 KB
Xstart	2016/5/18 16:36	快捷方式	2 KB

图 10.5　Xmanager 启动程序列表

从图 10.5 中可以看出，Xmanager 5 提供了很多服务器管理工具，后面主要介绍 Xshell 和 Xftp 两个工具。完成准备工作后，就可以来连接服务器了。

4. 使用 Xshell，以命令方式连接服务器

（1）双击图 10.5 中的“Xshell”工具，选择 File → New 选项，并在弹出的对话框中输入 IP 地址和端口号，端口号为 22，协议选择 SSH 协议，如图 10.6 所示。

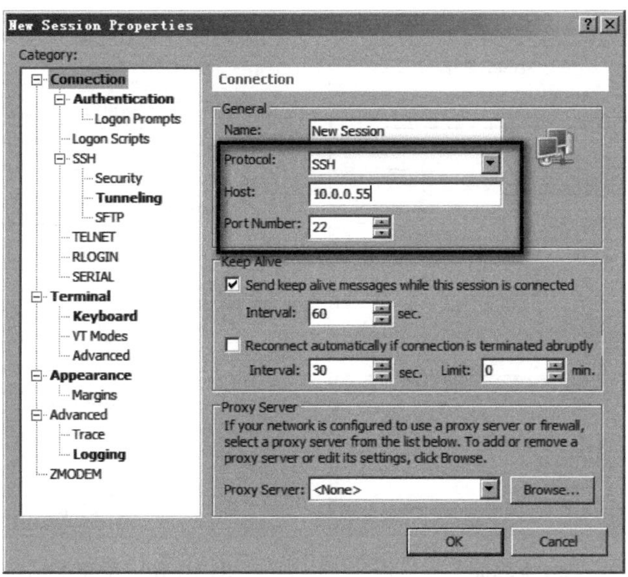

图 10.6　连接 Linux 服务器

（2）单击“OK”按钮后，在弹出的对话框中输入要登录的用户名和密码，并勾选 Remember User Name 复选框，如图 10.7 所示。

（3）单击“OK”按钮，系统进入 Linux 服务器命令行模式，如图 10.8 所示。

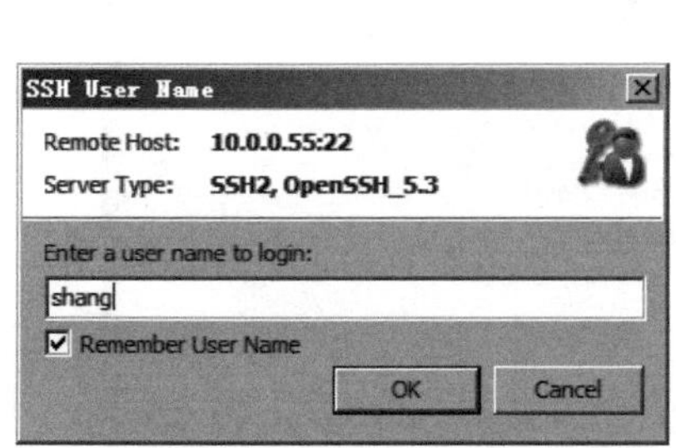

图 10.7　输入用户名密码

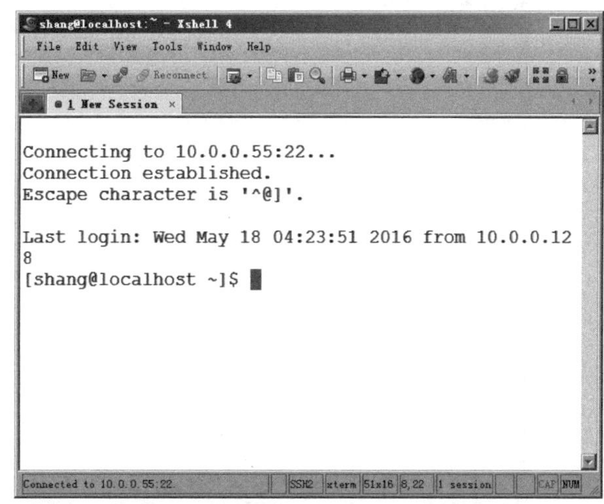

图 10.8　连接成功后的程序界面

5. 使用 Xftp 工具连接服务器

Xshell 实现了以命令方式连接服务器，如果想把本地的一些文件上传到服务器上，如软件的安装文件，则可以使用 Xftp 工具。

（1）双击图 10.5 中的“Xftp”工具，出现如图 10.9 所示窗口。

（2）选择 File → New 选项，在弹出的窗口中输入相应的用户名和密码。注意协议选择 SFTP，端口号依然选择 22 号端口，如图 10.10 所示。

图 10.9　Xftp 主界面

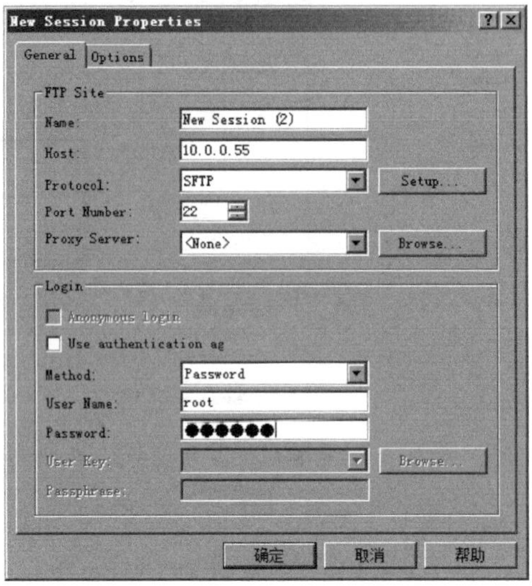

图 10.10　配置 Xftp 以连接服务器

（3）连接成功后，可以选择文件或者左右拖曳文件，实现文件的上传和下载，如图 10.11 所示。

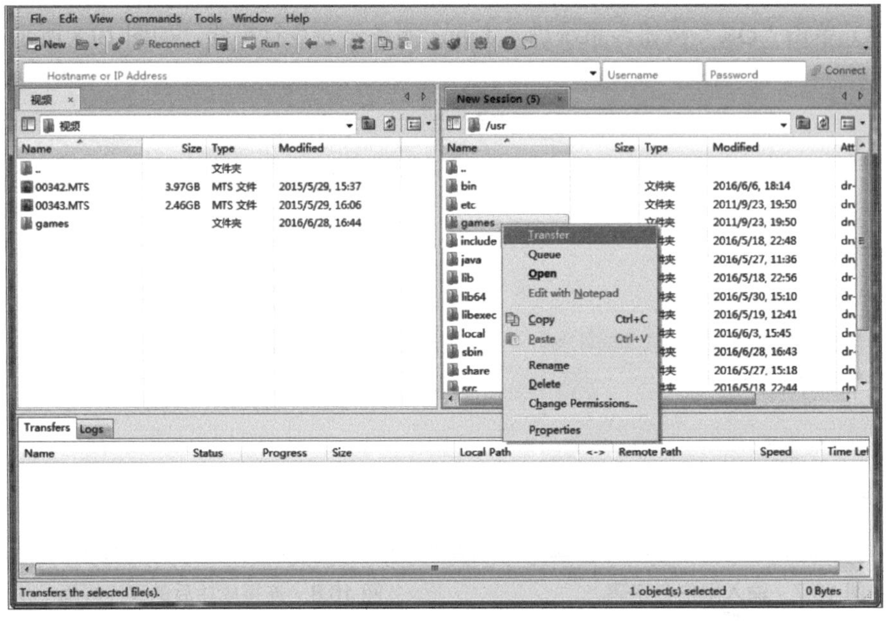

图 10.11　用 Xftp 实现文件上传下载

技能训练

上机练习 1——Linux 进程操作和远程连接

➢ 需求说明

（1）查看系统中 SSH 进程是否运行。

（2）杀掉 SSH 进程并重新启动 SSH 进程。

（3）使用 Xmanager 5 连接 Linux 虚拟机。

（4）上传一个小于 1MB 的文件至当前 Linux 登录的用户主目录下。

任务 2　了解 Linux 中的软件安装方式

Linux 下常用的软件安装方式有 3 种。

（1）tar 安装：如果软件开发商提供的是 tar、tar.gz、tar.bz 格式的包（其中 tar 格式为打包后没有压缩的包，gz 格式是按照 gzip 打包并压缩的包，tar.bz 格式是按照二进制方式打包并压缩的包）。可以采用 tar 包安装，tar 安装方式本质上是解压软件开发商提供的软件包，之后再通过相应配置，完成软件的安装。

（2）rpm 安装：rpm 安装方式是 Redhat Linux 系列推出的一个软件包管理器，类似于 Windows 下的 exe 安装程序，可以直接使用 rpm 命令安装。

（3）yum 安装：yum 安装本质上依然是 rpm 包安装，和 rpm 安装方式的不同之处是用户可以通过 yum 参数指定安装的软件包，系统将自动从互联网上下载相应的 rpm 软件包，而无须用户关心软件包的下载地址，以及软件包的依赖关系。

本章中会分别使用 3 种命令，来安装不同的软件。

任务 3　掌握 Linux 软件安装的常用命令

1. 解压缩命令 tar

语法

tar[选项][压缩包]

tar 命令的常用选项如表 10-1 和表 10-2 所示。

表10-1　tar命令常用选项1

序　号	取　值	说　明
1	-c	指定特定目录压缩
2	-x	从备份文件中还原文件
3	-t	列出备份文件的内容
4	-r	添加文件到已经压缩的文件

注意

以上 4 个命令是独立的命令，压缩解压必然会用到其中一个，可以结合表 10-2 中的命令一起使用，但以上 4 个命令是互斥的。

表10-2　tar命令常用选项2

序　号	取　值	说　明
1	-z	有 gzip 属性的（后缀是 gz 的）文件
2	-j	有 bz2 属性的（后缀是 bz 的）文件
3	-Z	有 compress 属性的文件
4	-v	显示所有过程
5	-O	将文件解压到标准输出
6	-f	使用文件名称

tar 命令常见的使用方式。

- 解压 gzip 包：tar -zxvf [包名]。
- 解压 bz 包：tar -jxvf [包名]。
- 解压普通包：tar -xvf [包名]。

2. **安装卸载命令** rpm

语法

rpm[选项][软件包]

rpm 命令的常用选项如表 10-3 所示。

表10-3　rpm命令常用选项

序　号	取　值	说　明
1	-ivh	显示安装进度
2	-Uvh	升级软件包
3	-qpl	列出 rpm 软件包内的文件信息
4	-qpi	列出 rpm 软件包的描述信息
5	-qf	查找指定文件属于哪个 rpm 软件包
6	-Va	校验所有的 rpm 软件包，查找丢失的文件
7	-e	删除包
8	-qa	查找已经安装的 rpm 包

rpm 命令常见的使用方式。

- 查询是否已经安装了某软件包：rpm -qa|grep [软件包关键词]。
- 卸载已经安装的软件包：rpm -e 软件包全名。
- 安装软件包并查看进度：rpm -ivh 软件包路径。

任务 4 在 Linux 中安装常用软件

以上学习了如何远程连接 Linux 服务器，并了解了 CentOS 下常用的软件安装方式，接下来将使用以上所学命令来配置 Java Web 开发所需的服务器环境，安装一些常用的软件。

10.4.1　安装 JDK

Oracle 官网提供了多种 JDK 版本，其中包括 Linux 下的多种 JDK 版本，可以从 Oracle 官网下载后缀为 rpm 的 JDK 安装包。

1. **安装环境**

- 软件环境：CentOS 6.5（Linux）、Windows 7 旗舰版、Xmanager 5.0。
- 安装方式：rpm 安装。
- 软件版本：jdk1.7.x。

2. **安装步骤**

（1）使用 Xftp 连接服务器。打开 Xmanager，双击 Xftp，填写服务器地址，单击“确定”按钮，进行服务器连接，如图 10.12 所示。

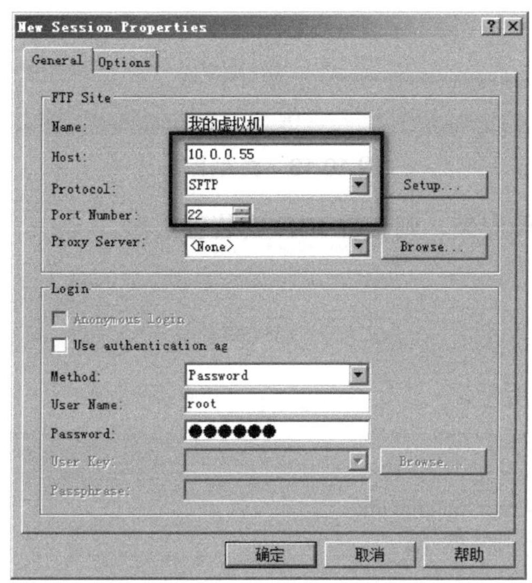

图 10.12　连接 Linux 服务器

（2）将安装文件上传至 Linux 服务器。拖动左边的文件，移动到 Linux 服务器下的 /usr/local/share/applications 文件夹下，如图 10.13 所示。

（3）检测是否已安装过 JDK。

语法

```
java –version
```

演示效果如示例 2 所示。

示例 2

```
[shang@localhost ~]$ su root
Password:
```

```
[root@localhost shang]# java -version
java version "1.7.0"
OpenJDK Runtime Environment(build 1.7.0-b09)
OpenJDK 64-Bit Server VM (build 1.7.0-B09, mixed mode)
```

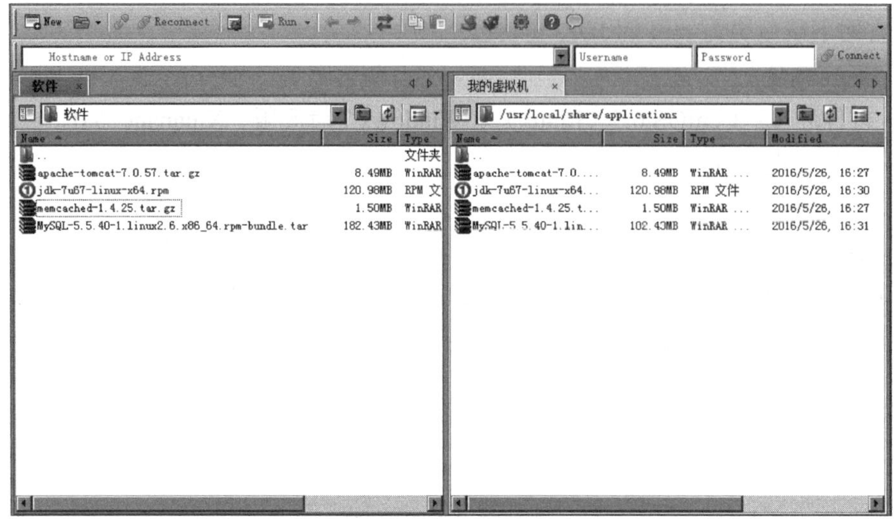

图 10.13　文件上传

（4）如果 JDK 已经安装，则查看 JDK 安装包全称。

语法

```
rpm -qa|grep jdk
```

演示效果如示例 3 所示。

示例 3

```
[root@localhost shang]# rpm -qa|grep jdk
Java-1.7.0-openjdk-1.7.0-el6.x86_64
```

（5）卸载旧的 JDK。

语法

```
rpm -e Java-1.7.0-openjdk-1.7.0-el6.x86_64
```

演示效果如示例 4 所示。

示例 4

```
[root@localhost shang]# rpm -e jdk-1.7.0_67-fcs.x86_64
```

（6）安装新的 JDK。

语法

```
rpm -ivh /usr/local/share/applications/jdk-7u67-linux-x64.rpm
```

演示效果如示例 5 所示。

示例 5

```
[root@localhost shang]# rpm -ivh /usr/local/share/applications/jdk-7u67-linux-x64.rpm
Preparing...                ########################################### [100%]
   1:jdk                    ########################################### [100%]
Unpacking JAR files...
   rt.jar...
   jsse.jar...
   charsets.jar...
   tools.jar...
   localedata.jar...
   jfxrt.jar...
```

（7）配置环境变量。和 Windows 7 旗舰版的环境变量配置类似，Linux 的环境变量配置也分为系统环境变量配置和用户环境变量配置。

- 系统环境变量可以通过 /etc/profile 配置，该文件是用户登录时，操作系统定制用户环境使用的第一个文件，应用于登录到系统的每一个用户。
- 用户环境变量可以通过 ~/.bash_profile 或者 ~/.bashrc 配置，每个用户都可以使用该文件配置属于自己的环境变量，其他用户登录系统，此配置不生效。

JDK 的安装方式下我们使用 root 用户来配置系统环境变量。打开 /etc/profile，在文件结尾输入示例 6 中的内容。

示例 6

```
export JAVA_HOME=/usr/share/1.7.0_67
export PATH=$JAVA_HOME/bin:$PATH
export CLASSPATH=.:$JAVA_HOME/lib/dt.jar:$JAVA_HOME/lib/tools.jar
```

了解 JDK 环境变量的配置请扫描二维码。

配置 JDK 环境变量

（8）让配置文件生效。

语法

```
source /etc/profile
```

（9）检测 JDK 是否安装成功。

语法

```
java –version
```

技能训练

上机练习 2——在 Linux 下安装 JDK

- 需求说明

（1）查看 Linux 系统中是否安装有 JDK

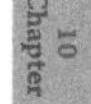

（2）卸载 Linux 系统自带的 JDK

（3）安装从官网下载的 JDK

（4）配置 JDK 环境变量

10.4.2 安装 Tomcat

1. 安装环境

软件环境：CentOS 6.5（Linux）、Windows 7 旗舰版、Xmanager 5.0。

安装方式：tar 安装。

软件版本：Tomcat 7。

2. 安装步骤

（1）将 Tomcat 解压到 /usr/local/。

语法

```
tar -zxvf apache-tomcat-7.0.57.tar.gz   -C   /usr/local/
```

将 Tomcat 解压到 /usr/local 下的演示效果如示例 7 所示。

示例 7

```
[root@localhost applications]# tar -zxvf apache-tomcat-7.0.57.tar.gz   -C   /usr/local/
apache-tomcat-7.0.57/webapps/examples/jsp/jsp2/simpletag/repeat.jsp
apache-tomcat-7.0.57/webapps/examples/jsp/jsp2/simpletag/repeat.jsp.html
apache-tomcat-7.0.57/webapps/examples/jsp/jsp2/tagfiles/displayProducts.tag.html
apache-tomcat-7.0.57/webapps/manager/xform.xsl
……省略部分结果
```

（2）修改文件名为 tomcat7。

语法

```
mv /usr/local/apache-tomcat-7.0.57/   /usr/local/tomcat7/
```

（3）启动 Tomcat。

语法

```
sh /usr/local/tomcat7/bin/startup.sh
```

演示效果如示例 8 所示。

示例 8

```
[root@localhost local]# sh /usr/local/tomcat7/bin/startup.sh
Using CATALINA_BASE:     /usr/local/tomcat7
Using CATALINA_HOME:     /usr/local/tomcat7
Using CATALINA_TMPDIR: /usr/local/tomcat7/temp
Using JRE_HOME:             /usr
```

```
Using CLASSPATH:        /usr/local/tomcat7/bin/bootstrap.jar:/usr/local/tomcat7/bin/tomcat-juli.jar
Tomcat started.
```

（4）打开端口。

语法

```
iptables -A INPUT -ptcp --dport 8080 -j ACCEPT
service iptables save
```

演示效果如示例 9 所示。

示例 9

```
[root@localhost local]# iptables -A INPUT -ptcp --dport 8080 -j ACCEPT
[root@localhost local]# service iptables restart
iptables: Setting chains to policy ACCEPT: filter          [  OK  ]
iptables: Flushing firewall rules:                         [  OK  ]
iptables: Unloading modules:                               [  OK  ]
iptables: Applying firewall rules:                         [  OK  ]
[root@localhost local]#
```

（5）访问 Tomcat。

在本地浏览器中输入相应的 IP 地址和端口号访问 Tomcat，效果如图 10.14 所示。

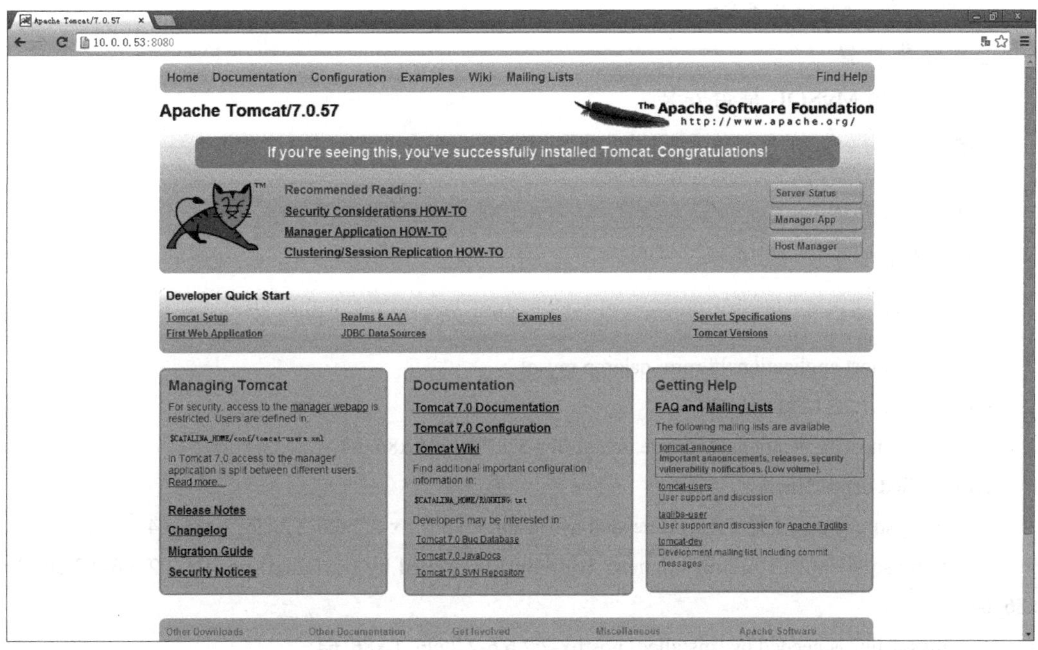

图 10.14 访问 Tomcat

注意

- 如果 Tomcat 未启动，则首先检查防火墙是否打开，之后查看端口是否打开。
- Tomcat 依赖于 JDK 的环境，安装 Tomcat 之前，首先必须确定本机已经安装 JDK 环境。

技能训练

上机练习 3——在 Linux 下安装 Tomcat

- 需求说明

（1）解压 Tomcat 压缩包

（2）打开 Linux 防火墙

（3）在 Linux 中开启 Tomcat 端口

10.4.3 安装 MySQL

1. 安装环境

软件环境：CentOS 6.5（Linux）、Windows 7 旗舰版、Xmanager 5.0。

安装方式：rpm 安装。

软件版本：MySQL 5.5.x。

2. 安装步骤

（1）检测 MySQL 是否安装。

语法

```
rpm -qa|grep mysql
```

演示效果如示例 10 所示。

示例 10

```
[root@localhost applications]# rpm -qa|grep mysql
mysql-libs-5.1.71-1.el6.x86_64
[root@localhost applications]# rpm -e mysql-libs-5.1.71-1.el6.x86_64
error: Failed dependencies:
    libmysqlclient.so.16()(64bit) is needed by (installed) postfix-2:2.6.6-2.2.el6_1.x86_64
    libmysqlclient.so.16(libmysqlclient_16)(64bit) is needed by (installed) postfix-2:2.6.6-2.2.el6_1.
x86_64
    mysql-libs is needed by (installed) postfix-2:2.6.6-2.2.el6_1.x86_64
```

（2）强制卸载原来的 MySQL。

语法

```
rpm –ef mysql-libs-5.1.71-1.el6.x86_64 –nodeps
```

演示效果如示例 11 所示。

示例 11

```
[root@localhost applications]# rpm –ef mysql-libs-5.1.71-1.el6.x86_64 –nodeps
[root@localhost applications]#
```

（3）安装 MySQL 服务器端。

语法

```
rpm -ivh MySQL-server-5.5.40-1.linux2.6.x86_64.rpm
```

演示效果如示例 12 所示。

示例 12

```
[root@localhost applications]# rpm -ivh MySQL-server-5.5.40-1.linux2.6.x86_64.rpm
Preparing...                ########################################### [100%]
        file /usr/share/mysql/charsets/README from install of MySQL-server-5.5.40-1.linux2.6.x86_64
conflicts with file from package mysql-libs-5.1.71-1.el6.x86_64
        file /usr/share/mysql/charsets/Index.xml from install of MySQL-server-5.5.40-1.linux2.6.x86_64
conflicts with file from package mysql-libs-5.1.71-1.el6.x86_64
        file /usr/share/mysql/charsets/armscii8.xml from install
```

（4）安装 MySQL 客户端。

语法

```
rpm -ivh MySQL-client-5.5.40-1.linux2.6.x86_64.rpm
```

演示效果如示例 13 所示。

示例 13

```
[root@localhost applications]# rpm -ivh MySQL-client-5.5.40-1.linux2.6.x86_64.rpm
Preparing...                ########################################### [100%]
   1:MySQL-client           ########################################### [100%]
[root@localhost applications]#
```

（5）启动 MySQL。

语法

```
service mysql start
```

演示效果如示例 14 所示。

示例 14

```
[root@localhost applications]# service mysql start
Starting MySQL.. SUCCESS!
```

（6）连接 MySQL。

语法

```
mysql -u root –p
```

演示效果如示例 15 所示。

示例 15

```
[root@localhost applications]# mysql -u root -p
Enter password:
Welcome to the MySQL monitor.    Commands end with ; or \g.
Your MySQL connection id is 2
Server version: 5.5.40 MySQL Community Server (GPL)
Copyright (c) 2000, 2014, Oracle and/or its affiliates. All rights reserved.
Oracle is a registered trademark of Oracle Corporation and/or its
affiliates. Other names may be trademarks of their respective
owners.
Type 'help;' or '\h' for help. Type '\c' to clear the current input statement.
mysql>
```

（7）查看 MySQL 编码。

语法

```
show variables like 'chara%';
```

演示效果如示例 16 所示。

示例 16

```
mysql> show variables like 'chara%';
+--------------------------+----------------------------+
| Variable_name            | Value                      |
+--------------------------+----------------------------+
| character_set_client     | utf8                       |
| character_set_connection | utf8                       |
| character_set_database   | latin1                     |
| character_set_filesystem | binary                     |
| character_set_results    | utf8                       |
| character_set_server     | latin1                     |
| character_set_system     | utf8                       |
| character_sets_dir       | /usr/share/mysql/charsets/ |
+--------------------------+----------------------------+
```

（8）创建 MySQL 用户配置。

语法

```
cp my-small.cnf /etc/my.cnf
```

（9）修改 MySQL 编码并重启服务。

打开 /etc/my.cnf 文件，在 mysqld 的首行位置加入 character_set_server=utf8。

重新查看 MySQL 字符编码，如示例 17 所示。

示例 17

```
mysql> show variables like 'chara%';
+--------------------------+----------------------------+
| Variable_name            | Value                      |
+--------------------------+----------------------------+
| character_set_client     | utf8                       |
| character_set_connection | utf8                       |
| character_set_database   | utf8                       |
| character_set_filesystem | binary                     |
| character_set_results    | utf8                       |
| character_set_server     | utf8                       |
| character_set_system     | utf8                       |
| character_sets_dir       | /usr/share/mysql/charsets/ |
+--------------------------+----------------------------+
```

（10）开启 3306 端口。

语法

```
iptables -A INPUT -ptcp --dport 3306 -j ACCEPT
service iptables save
```

演示效果如示例 18 所示。

示例 18

```
[root@localhost mysql]# iptables -A INPUT -ptcp --dport 3306 -j ACCEPT
[root@localhost mysql]# service iptables save
iptables: Saving firewall rules to /etc/sysconfig/iptables:[  OK  ]
[root@localhost mysql]# service iptables restart
iptables: Setting chains to policy ACCEPT: filter          [  OK  ]
iptables: Flushing firewall rules:                         [  OK  ]
iptables: Unloading modules:                               [  OK  ]
iptables: Applying firewall rules:                         [  OK  ]
```

（11）给用户授权远程登录及刷新权限。

语法

```
mysql> grant all privileges on *.* to root@'%' identified by '123456' with grant option;
Query OK, 0 rows affected (0.00 sec);
mysql>flush provileges;
```

（12）使用客户端连接数据库，如图 10.15 所示。

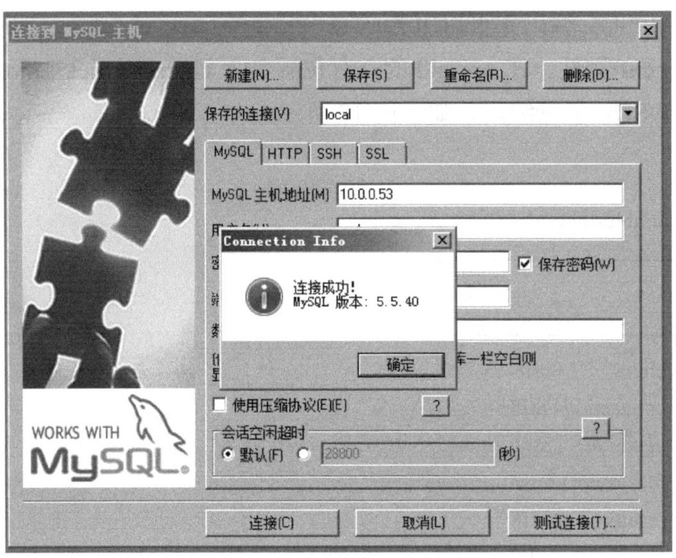

图 10.15　测试连接数据库

注意

MySQL 能否实现远程登录涉及两个方面。

➢ 3306 端口是否打开。

➢ MySQL 是否允许远程登录。

技能训练

上机练习 4——在 Linux 下安装 MySQL

➢ 需求说明

（1）安装 MySQL 服务器

（2）安装 MySQL 客户端

（3）开启 MySQL 端口

（4）远程测试连接 MySQL

10.4.4　安装 SVN

1．SVN 介绍

SVN 全称是 Subversion，即版本控制系统。SVN 具有跨平台特性，支持大多数常见的操作系统。SVN 本身属于一个文件服务器，和普通文件服务器不同的是，SVN 可以记录每次文件的变化，包括变动的文件内容、操作人，以助于使用者将文件回退至某个版本。SVN 可以用来管理所有类型的文件，包括程序源码。

➢ 中央仓库（Repository）指的是 SVN 服务器上文件的保存位置。

➢ 工作空间（Workspace）指的是操作员下载到本地的文件的位置。

用户可以从中央仓库 CheckOut 代码到本地，在本地修改之后，可以 Commit 相应文件到服务器。文件提交、检出流程如图 10.16 所示。

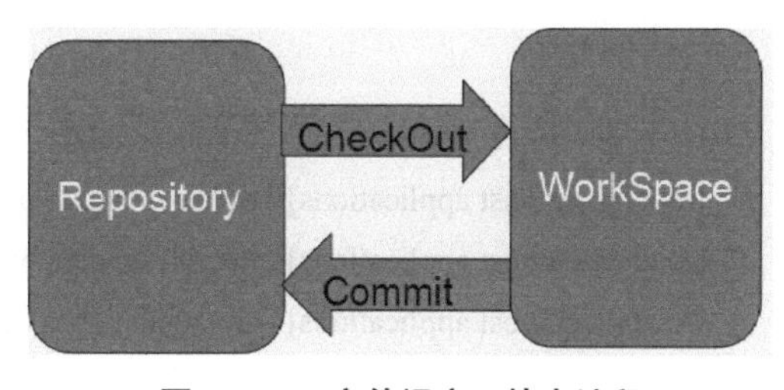

图 10.16　文件提交、检出流程

（1）SVN 的特点。

- 自由 / 开源版本控制系统。
- 可以创建分支。

（2）SVN 的工作流程。

① 开始工作，从服务器下载项目组的最新代码。

② 进入自己的分支进行工作，每隔一段时间向服务器上自己的分支提交一次代码。

③ 下班时间快到了，把自己的分支合并到服务器主分支上，一天的工作完成，并提交给服务器。SVN 的工作流程如图 10.17 所示。

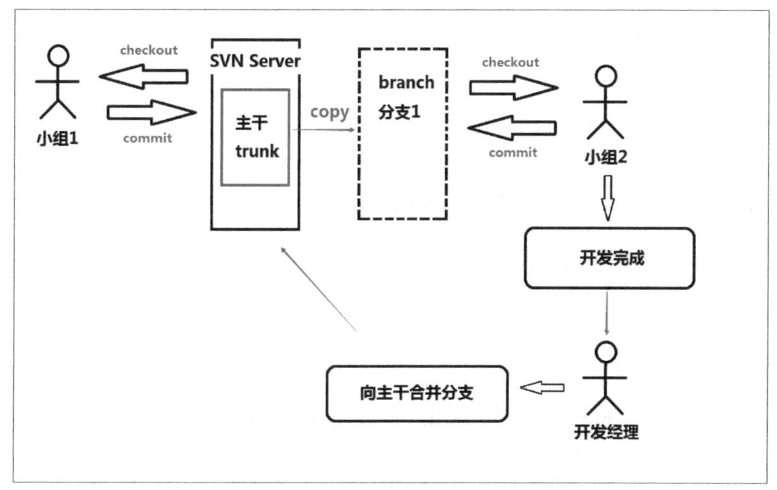

图 10.17　SVN 交互流程

2. 安装环境

软件环境：CentOS 6.5（Linux）、Windows 7 旗舰版、Xmanager 5.0。

安装方式：rpm 安装。

软件版本：Subversion 1.6.11。

3. 安装步骤

（1）使用 yum 安装 Subversion 服务器端。

语法

```
yum -y install subversion
```

（2）创建 SVN 资源库目录。

创建 SVN 仓库命令，如示例 19 所示。

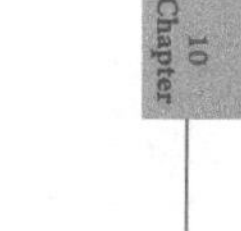

示例 19

```
[root@localhost applications]# mkdir /svndata
[root@localhost applications]# mkdir /svndata/projects
[root@localhost applications]# mkdir /svndata/projects/easyBuy
[root@localhost applications]# cd /svndata/projects/easyBuy
```

（3）生成 SVN 资源目录。

语法

```
svnadmin create /svndata/projects/easyBuy
```

新建项目目录如示例 20 所示，在创建完目录之后进入项目目录下的 conf，将发现 authz、passwd、svnserve.conf 几个文件。

示例 20

```
[root@localhost applications]# svnadmin create /svndata/projects/easyBuy
[root@localhost applications]# cd /svndata/projects/easyBuy/conf/
[root@localhost conf]# ls -l
total 12
-rw-r--r-- 1 root root 1112 May 30 17:20 authz
-rw-r--r-- 1 root root  347 May 30 17:21 passwd
-rw-r--r-- 1 root root 2271 May 30 17:22 svnserve.conf
```

（4）配置 SVN 项目权限认证。

语法

```
vi authz
```

新建 SVN 用户并分配权限，在 authz 文件中的 groups 项下输入以下用户配置，左边为用户名，右边为权限，如示例 21 所示。

示例 21

```
[groups]
# harry_and_sally = harry,sally
# harry_sally_and_joe = harry,sally,&joe
[/]
shangzezhong=rw
chenggang=rw
```

（5）配置 SVN 项目用户，在 passwd 文件中配置相应的用户名和密码。

语法

```
vi passwd
```

设置 SVN 用户密码，如示例 22 所示。

示例 22

```
[users]
# harry = harryssecret
# sally = sallyssecret
shangzezhong=123456
chenggang=123456
```

（6）配置 SVN 项目用户读写权限。

语法

```
vi svnserve.conf
```

新建 SVN 用户并分配权限，将系统中出现的如下字段修改为以下配置，并去掉 #，如示例 23 所示。

示例 23

```
anon-access = none
auth-access = write
password-db = passwd
authz-db = authz
```

（7）启动 SVN。

语法

```
svnserve –r –d /svndata
```

（8）打开 SVN 默认端口 3690。

语法

```
iptables -A INPUT -ptcp --dport 3690 -j ACCEPT
service iptables save
```

（9）停止 SVN。

语法

```
killall svnserve
```

4. SVN 的使用

完成以上操作步骤之后，再在 MyEclipse 中安装 SVN 插件以访问 SVN 服务器。

（1）下载 MyEclipse SVN 插件包。

（2）在 MyEclipse 中配置 SVN，单击打开文件位置按钮，找到 MyEclipse 安装的主目录，如图 10.18 所示。

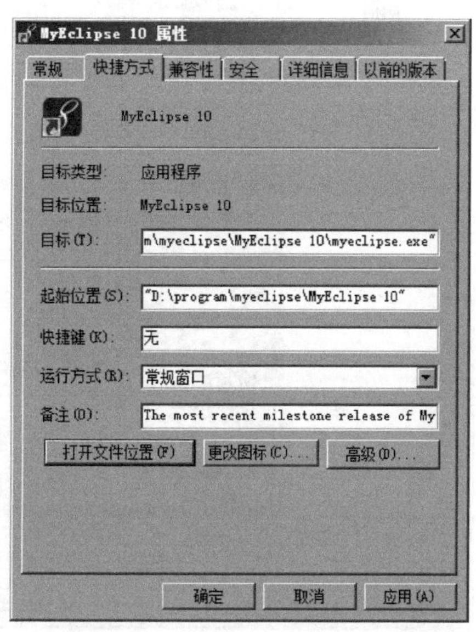

图 10.18　找出 MyEclipse 的主目录

（3）打开 MyEclipse 主目录下的 dropins 文件夹，并新建 svn 文件夹，将 site 压缩包解压到 svn 目录下，如图 10.19 所示。

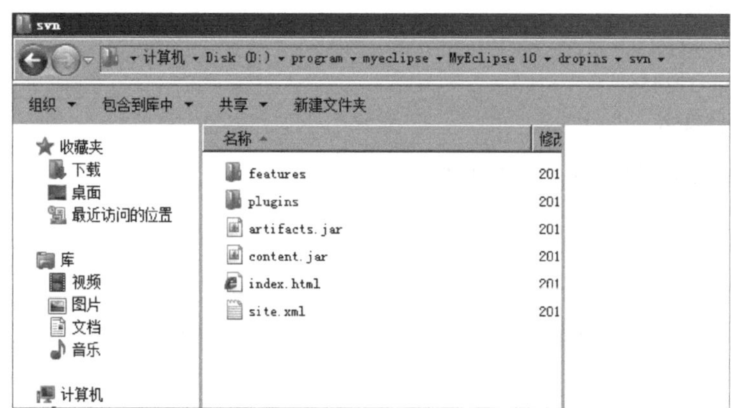

图 10.19　解压 site 到 svn 插件目录

（4）启动 MyEclipse，选择 Window → Preferences 命令，在左边的搜索框中搜索 svn，如果出现如图 10.20 所示界面，则表示 SVN 插件安装成功。

（5）打开 SVN 资源库菜单，关闭当前窗口，打开 Window → Show Views → Other 选项，在弹出的对话框中搜索 svn，在筛选列表中选择“SVN 资源库”，单击“确定”按钮，如图 10.21 和图 10.22 所示。

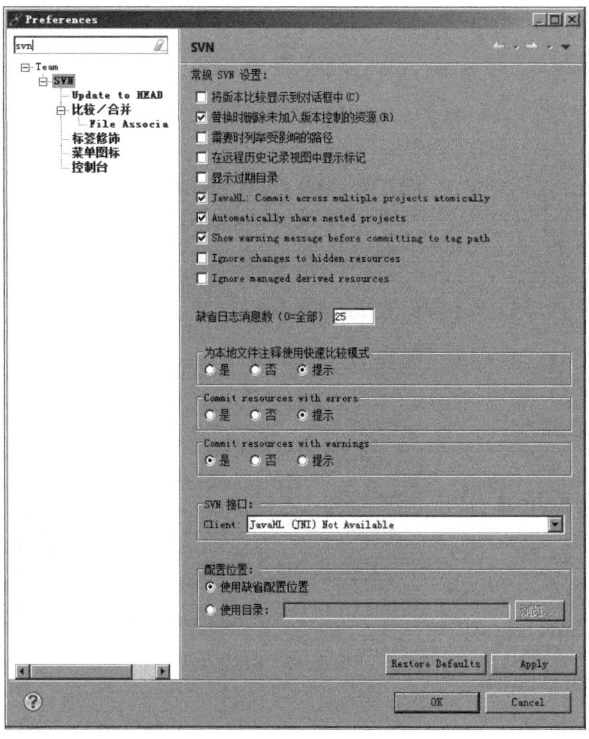

图 10.20　测试 SVN 插件是否安装成功

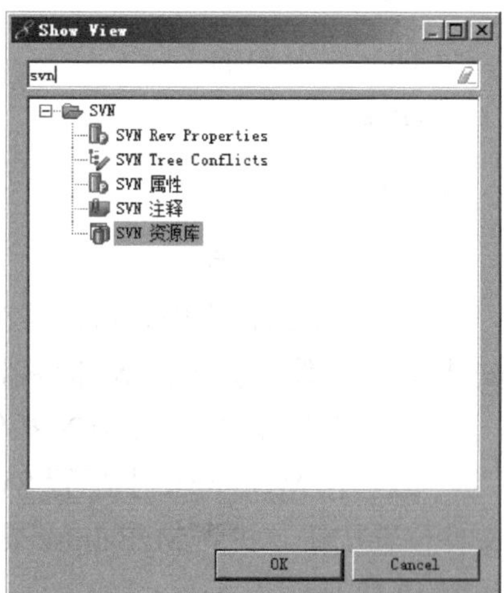

图 10.21　找到 SVN 资源库菜单

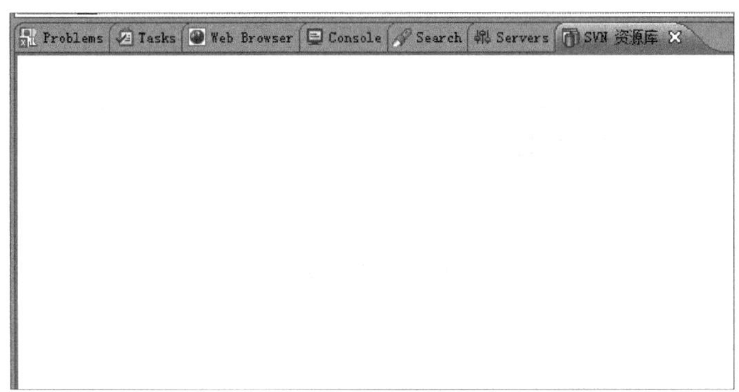

图 10.22　SVN 资源库菜单起初的样式

（6）上传项目到 SVN。选择准备上传的项目，右击选择 Team → Share Project 选项，在弹出的对话框中选择 SVN，如图 10.23 所示。

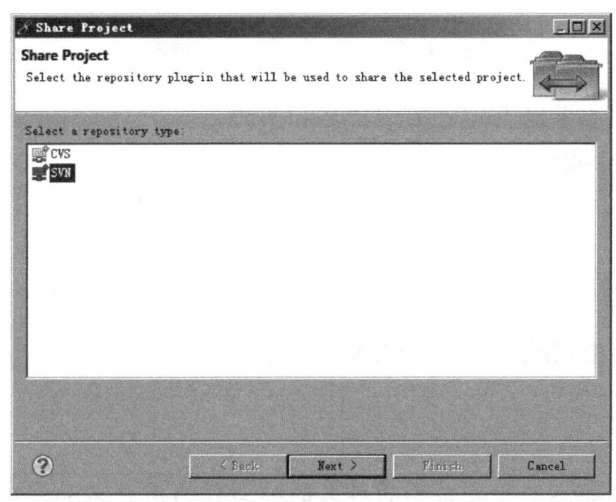

图 10.23　上传项目至 SVN

（7）选择“创建新的资源库位置”，单击“Next”按钮，如图 10.24 所示。

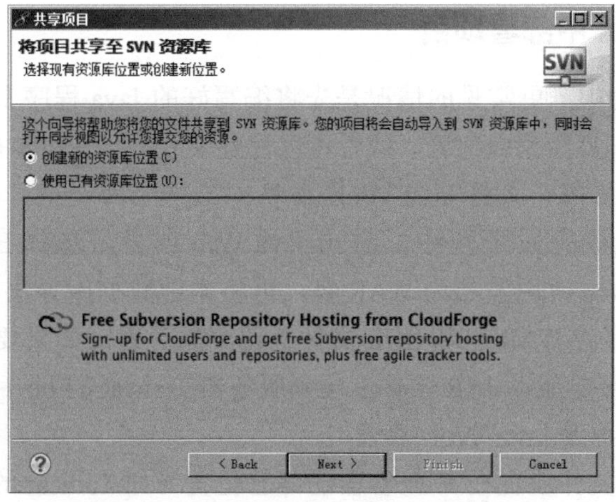

图 10.24　创建新的资源库位置

（8）输入 SVN 资源库位置，单击“Finish”按钮，如图 10.25 所示。

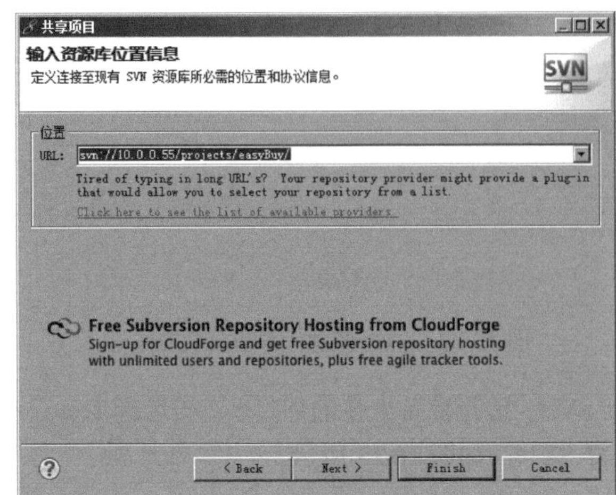

图 10.25　输入资源库位置信息

（9）输入 SVN 服务器上建立的用户名和密码。

（10）测试 SVN 的代码上传和更新。

（11）测试 SVN 新建分支和将分支合并到主干的操作。

技能训练

上机练习 5——在 Linux 下搭建 SVN 服务器

➢ 需求说明

（1）使用 yum 命令安装 SVN 服务器

（2）在 SVN 服务器中配置自己的姓名的缩写作为用户名和密码

（3）在 MyEclipse 中配置 SVN 客户端连接 SVN 服务器

（4）创建普通 Web 项目提交至 SVN 服务器

10.4.5　在 Linux 中部署项目

在实际生产环境中，更常见的情况是先将编写好的 Java 程序上传到服务器，然后通过 Web 容器的管理界面完成部署，或者再远程登录服务器从命令行进行部署。

1. 在开发机上发布、上传 Java Web 应用

在 MyEclipse 集成开发环境中，右击 Java Web 项目，选择 Export → Java EE → WAR file，将 Java Web 应用发布为 WAR 包，再将本地数据库导出成 SQL 文件，然后通过 FTP 客户端程序将 WAR 包和 SQL 文件上传到服务器。如果要部署的应用使用的是 JNDI 数据源，还要把驱动 JAR 文件上传到服务器 Tomcat 的 lib 目录下。

2. 在服务器上部署 Java Web 应用

将上传的 WAR 文件放置在 Web 容器的部署位置（如 Tomcat 的 webapps 目录）就可以了。

从安装与部署分离的角度考虑，还可以把 WAR 文件部署在一个专门的独立目录下。此时需要在 Tomcat 的 conf/server.xml 中的 <Host> 节点下配置一个 <Context> 节点。

语法

```
<Host name="localhost" appBase="webapps"
            unpackWARs="true" autoDeploy="true">
   ……
   <Context path=" 访问地址 " docBase="WAR 文件的位置 "
              debug="0" privileged="true" reloadable="false" />
   ……
</Host>
```

配置 Context 节点

了解 <Context> 节点配置请扫描二维码。

注意合理设置文件权限，确认部署运行相关的用户能够访问相关目录和文件。

设置文件或目录的所有者。

语法

```
[root@localhost ~]#  chown  -R  [ 用户 ][:[ 组 ]]  Tomcat 安装部署目录
```

设置文件或目录的权限。

语法

```
[root@localhost ~]#  chmod  -R  755  Tomcat 安装部署目录
```

对于上传的 SQL 文件，可以通过 Xshell 连接服务器，登录 MySQL 并执行导入 SQL 文件的命令。

语法

```
mysql> source  sql 文件存放路径 ;
```

注意

Linux 上的 MySQL 数据库名和表名区分大小写，若在编码时完全保持一致可能比较麻烦，若要 Linux 上的 MySQL 不区分大小写，需要在 /etc/my.cnf 中的 [mysqld] 后面添加一行 lower_case_table_names=1（0 表示区分大小写，1 表示不区分）并重启 MySQL 服务即可。

3. 启动 Tomcat，查看 Tomcat 的日志

运行 Tomcat 的 bin 目录中的 startup.sh 启动 Tomcat 服务器，在浏览器输入网址测试项目部署结果。

进入 Tomcat 的 logs 目录，打开 catalina.out 文件可以查看 Tomcat 的运行日志，观察 Tomcat 的运行情况。

示例 24

```
tail catalina.out
```

将输出 catalina.out 中最后 10 行内容。可以根据需要调整输出的行数。

示例 25

```
tail -20 catalina.out 或 tail -n 20 catalina.out
```

将输出 catalina.out 中最后 20 行内容。

另外，由于catalina.out的内容会不断更新，可以使用tail -F命令动态监视文件的变化，动态输出新内容。

示例 26

```
tail -F -n 20 catalina.out
```

使用 Ctrl+C 组合键可以终止输出。

技能训练

上机练习 6——在 Linux 中部署 Java Web 项目

➢ 需求说明

（1）在开发机上将 Java Web 打包成 WAR 文件，将数据库导出为 SQL 文件

（2）将 WAR、SQL、数据库驱动文件上传到 Linux 服务器

（3）在 Linux 服务器上部署 Java Web 项目和数据库

（4）启动 Tomcat，测试部署结果，通过日志观察 Tomcat 运行情况

本章总结

➢ Linux 操作系统的远程管理是基于 SSH 协议的。

➢ Linux 操作系统下的软件安装分为 3 种方式，即 rpm 方式、tar 方式和 yum 方式。

➢ Linux 操作系统下常用的软件有 JDK，Tomcat，MySQL，SVN。

本章练习

1. 现有一台服务器部署了 Linux 操作系统，需要在其上部署 Tomcat，并将其端口改成 80 端口。请简述实现步骤（假设用户已使用 root 用户登录）。

2. 简述在 Linux 下安装 JDK 的步骤。

3. 简述 Linux 系统下的防火墙机制。

4. 现有 Linux 服务器已经配置了 MySQL 服务器，但是通过客户端无法连接，请分析并写出排查错误的步骤。

5. 请简述 SVN 的工作流程，以及在日常开发中的应用场景。

6. 将新闻发布系统部署到 Linux 服务器并测试运行。

附录

附录 1 HTTP 协议扩展阅读

1. HTTP 报文的结构

报文（message）是网络中交换与传输的数据单元，即站点一次性要发送的数据块，报文包含了将要发送的完整的数据信息。

HTTP 报文可以分为请求报文和响应报文。请求报文和响应报文的基本结构相同。

（1）请求报文的结构

请求报文分为 4 个部分。

- 起始行（start-line），也可称为请求行（request-line）。
- 请求头部（headers），零个或多个。
- 空行，标记头部的结束。
- 报文体（body），包含请求数据，可选。

其数据格式如下所示。

```
Method /path HTTP/1.1
Header1: Value1
Header2: Value2
......
HeaderN: ValueN

body data goes here...
```

第一行起始行中的 Method 表示请求方法，如“POST”“GET”等，/path 表示请求的资源，HTTP/1.1 为 HTTP 协议的版本号。

每个 Header 占一行，格式为：名字 + “:” + 空格 + 值，换行符是 \r\n。

空行后面（即遇到连续两个 \r\n）全部是 body。

当使用 GET 方法时，body 为空，即便如此也要保留最后的空行。

（2）响应报文的结构

响应报文和请求报文的结构基本一样，同样也分为 4 个部分。

- 起始行（start-line），也可称为状态行（status-line）。
- 响应头部（headers）。
- 空行，标记头部的结束。
- 报文体（body），包含响应正文。

其数据格式如下所示。

```
HTTP/1.1 200 OK
Header1: Value1
Header2: Value2
......
HeaderN: ValueN

body data goes here...
```

HTTP/1.1 表示 HTTP 协议的版本号，200 和 OK 分别是状态代码及其文本描述。

2. HTTP 的请求方法

HTTP 协议定义了很多与服务器交互的方法，如附表 1-1 所示。

附表1-1　HTTP的请求方法

方　法	描　述
GET	请求指定的页面信息并返回实体主体
POST	向指定资源提交数据处理请求（例如提交表单或者上传文件）。数据被包含在请求体中。POST 请求可能会导致新的资源的建立和 / 或已有资源的修改
PUT	从客户端向服务器传送的数据取代指定的文档的内容
DELETE	请求服务器删除指定的页面
HEAD	类似于 GET 请求，只不过返回的响应中没有具体的内容，用于获取报头
CONNECT	HTTP/1.1 协议中预留给能够将连接改为管道方式的代理服务器
OPTIONS	允许客户端查看服务器的性能
TRACE	回显服务器收到的请求，主要用于测试或诊断

其中最基本的方法有 4 种，分别是 GET、POST、PUT、DELETE。一个 URL 地址用于描述一个网络上的资源，而 HTTP 中的 GET、POST、PUT、DELETE 就对应着对这个资源的查、增、改、删 4 个操作。

3. HTTP 状态码

响应报文的第一行称为状态行，由 HTTP 协议版本号、状态码、状态描述 3 部分组成。状态码用来告诉 HTTP 客户端，HTTP 服务器是否产生了预期的响应。HTTP/1.1 中定义了 5 类状态码，状态码由 3 位数字组成，第一个数字定义了响应的类别。

- 1XX 提示信息——表示请求已被成功接收，继续处理。

- 2XX 成功——表示请求已被成功接收，理解，接受。
- 3XX 重定向——要完成请求必须进行更进一步的处理。
- 4XX 客户端错误——请求有语法错误或请求无法实现。
- 5XX 服务器端错误——服务器在处理请求的过程中发生了错误。

以下是一些常见的状态码。

（1）200 OK

表明该请求被成功地完成，所请求的资源发送回客户端。

（2）302 Found

重定向，新的 URL 会在响应报文的 Location 头信息中返回，浏览器将会使用新的 URL 发出新的请求。

（3）304 Not Modified

所请求的资源未修改，代表上次的文档已经被缓存，还可以继续使用。如果不想使用本地缓存，可以使用 Ctrl+F5 组合键强制刷新页面。

（4）400 Bad Request

客户端请求与语法错误，不能被服务器所理解。

（5）401 Unauthorized

请求要求用户进行身份认证。

（6）403 Forbidden

服务器收到请求，但是拒绝提供服务。

（7）404 Not Found

请求资源不存在。

（8）500 Internal Server Error

服务器发生了不可预期的错误。

（9）502 Bad Gateway

充当网关或代理的服务器，从远端服务器接收到了一个无效的请求。

（10）503 Server Unavailable

由于超载或系统维护，服务器暂时无法处理客户端的请求，一段时间后可能恢复正常。

4. HTTP Request Header

（1）Cache 头域

- If-Modified-Since

将客户端缓存资源的最后修改时间（来自上次响应中的 Last-Modified 头信息）发送给服务器，服务器会将该时间与所请求资源的最后修改时间进行对比，如果一致就返回 304，客户端直接使用本地缓存，否则返回 200 和新的内容。

例如：If-Modified-Since: Thu, 09 Feb 2012 09:07:57 GMT

- If-None-Match

If-None-Match 和 ETag 一起工作，其原理是在响应报文中添加 ETag 头信息。当用户再次请求该资源时；会在请求报文中将 ETag 的值加入 If-None-Match 头信息。如果服务器验证资源的 ETag 没有改变，表示资源没有更新，将返回 304 状态，客户端使用本地缓存文件；否则将返回 200 状态和新的资源和 Etag。

例如：If-None-Match: “03f2b33c0bfcc1:0”

➢ Pragma

Pargma 只有一个用法：Pragma: no-cache，防止页面被缓存。在 HTTP/1.1 版本中，它和 Cache-Control:no-cache 作用相同。

➢ Cache-Control

非常重要的规则，指定请求和响应遵循的缓存机制。

例如：Cache-Control: no-cache，表示所有内容都不会被缓存。

还有其他一些用法，请自行查阅资料进行了解。

（2）Client 头域

➢ Accept

浏览器可接受的 MIME 类型。

例如：Accept: text/html，表示浏览器可以接受类型为 text/html 的文档，如果服务器无法返回 text/html 类型的数据，将返回一个 406 Not Acceptable 错误。

通配符“*”代表任意类型。

例如：Accept: */* 代表浏览器可以处理所有类型。

➢ Accept-Encoding

声明浏览器支持的内容压缩编码方法，注意不是指字符编码。

例如： Accept-Encoding: compress, gzip

➢ Accept-Language

声明浏览器接受的语言。

例如： Accept-Language: zh-cn

➢ User-Agent

作用：告诉 HTTP 服务器，客户端使用的操作系统和浏览器的名称和版本。

例如：User-Agent: Mozilla/5.0 (Windows NT 5.1) AppleWebKit/537.36 (KHTML, like Gecko) Chrome/49.0.2623.112 Safari/537.36

➢ Accept-Charset

声明浏览器接受的字符集。

（3）Cookie/Login 头域

➢ Cookie

非常重要的头信息，将 cookie 的值发送给 HTTP 服务器。

例如：Cookie: $Version=1; Skin=new;

（4）Entity 头域

➢ Content-Length

发送给 HTTP 服务器的请求报文 body 的传输长度。

例如：Content-Length: 384

➢ Content-Type

请求的与实体对应的 MIME 信息。

例如：Content-Type: application/x-www-form-urlencoded

（5）Miscellaneous 头域

➢ Referer

告诉服务器当前请求是从哪个 URL 过来的，即来路。

例如：Referer: http://translate.google.cn/?hl=zh-cn&tab=wT

（6）Transport 头域

➢ Connection

表示是否需要持久连接，HTTP 1.1 默认进行持久连接。

例如：Connection: Keep-Alive 代表一个网页打开完成后，客户端和服务器之间的 TCP 连接不会关闭，如果客户端再次访问这个服务器上的网页，会继续使用这一条已经建立的连接。Keep-Alive 不会永久保持连接，会有一个保持时间，可以在不同的服务器软件（如 Apache）中设定这个时间。

Connection: close 代表一个请求完成后，客户端和服务器之间的 TCP 连接会关闭，当客户端再次发送请求时，需要重新建立 TCP 连接。

➢ Host

请求的服务器域名和端口号，它通常是从 HTTP URL 中提取出来的。

例如：访问 http://www.kgc.cn/job/oe/1.shtml 就会在头信息中包含 Host: www.kgc.cn。

5. HTTP Response Header

（1）Cache 头域

➢ Date

服务器生成报文的 GMT 时间。

例如：Date: Thu, 26 Oct 2017 12:50:04 GMT

➢ Expires

指定文档的过期时间，浏览器会在指定过期时间内使用本地缓存。

例如：Expires: Tue, 08 Feb 2022 11:35:14 GMT

➢ Last-Modified:

资源的最后修改日期和时间，与 If-Modified-Since 配合使用。

例如：Last-Modified: Thu, 26 Oct 2017 05:40:48 GMT

➢ ETag

与 If-None-Match 配合使用，即响应中资源的校验值，它在服务器上某个时段是唯一标识的。

例如：ETag: “03f2b33c0bfcc1:0”

（2）Cookie/Login 头域

➢ Set-Cookie

非常重要的头信息，用于把 cookie 发送到客户端浏览器， 每写入一个 cookie 都会生成一个 Set-Cookie。

例如：Set-Cookie: H_PS_PSSID=1456_21122_20928; path=/; domain=.baidu.com

（3）Entity 头域

➢ Content-Type

告诉浏览器响应实体的 MIME 类型。

例如：Content-Type: text/html; charset=utf-8

Content-Type: image/jpeg

➢ Content-Length

指明响应报文 body 的传输长度，以字节方式存储的十进制数字来表示。只有当浏览器使用持久 HTTP 连接时才需要这个数据，如果想要利用持久连接的优势，可以把输出文档写入 ByteArrayOutputStream，完成后查看其大小，把该值放入 Content-Length 头，最后通过 ByteArrayOutputStream.writeTo(response.getOutputStream()) 发送内容。

例如：Content-Length: 19847

➢ Content-Encoding

响应内容的压缩编码类型。

例如：Content-Encoding: gzip

➢ Content-Language

响应内容的语言类型。

例如：Content-Language: zh-cn

（4）Miscellaneous 头域

➢ Server

Web 服务器软件名称。Servlet 一般不设置这个值，而是由 Web 服务器自己设置。

例如：Server: nginx

（5）Transport 头域

➢ Connection

同 HTTP Request Header 的 Connection 头信息。

（6）Location 头域

➢ Location

用来重定向接收方到非请求 URL 的位置来完成请求或标识新的资源。Location 通常不是直接设置的，而是通过 HttpServletResponse 的 sendRedirect() 方法，该方法同时设置状态码为 302。

附录 2 Cookie 扩展阅读

1. cookie 的属性选项

每个 cookie 都有特定的属性，如何时失效、所属的域名、路径等。这些属性选项

包括 expires、domain、path、secure、httpOnly。

（1）expires

expires 选项是 cookie 失效日期，如 expires=Thu, 25 Feb 2017 04:18:00 GMT 表示 cookie 将在 2017 年 2 月 25 日 4 点 18 分之后失效。如果没有设置该选项，则默认有效期为 session，即会话 cookie，这种 cookie 在浏览器关闭后就失效了。

（2）domain 和 path

domain 是域名，path 是路径，两者一起使用来限制 cookie 能被哪些 URL 访问，或者说 cookie 何时会被浏览器添加到请求头中发送出去。例如 cookie 的 domain 为“baidu.com”，path 为“/”，若请求的 URL 的域名是“baidu.com”或其子域，且 URL 的路径是“/”或子路径，则浏览器会将此 cookie 添加到该请求的 cookie 头部中。如果没有设置这两个选项，则会使用默认值。domain 的默认值为设置该 cookie 的网页所在的域名，path 的默认值为设置该 cookie 的网页所在的目录。

注意

发生跨域 XMLHttpRequest 请求时，即使请求 URL 的域名和路径都满足 cookie 的 domain 和 path，默认情况下 cookie 也不会被自动添加到请求头部中。

（3）secure

secure 选项用来设置 cookie 只有在安全的请求中才会被发送。当请求是 HTTPS 或者其他安全协议时，包含 secure 选项的 cookie 才能被发送至服务器。默认情况下 cookie 不会带有 secure 选项（即为空），所以默认情况下，不管是 HTTPS 协议还是 HTTP 协议的请求，cookie 都会被发送至服务器端。

注意

① secure 选项只是限定了在安全情况下才可以传输给服务器端，并不代表你不能看到这个 cookie。

② 如果想在网页中通过 JavaScript 去设置 secure 类型的 cookie，必须保证网页是 HTTPS 协议的。因为在 HTTP 协议的网页中是无法设置 secure 类型的 cookie 的。

（4）httpOnly

用来设置 cookie 能否通过 JavaScript 访问。默认情况下 cookie 不会带有 httpOnly 选项（即为空），所以客户端是可以通过 JavaScript 代码去读取、修改、删除这个 cookie 的。当 cookie 带有 httpOnly 选项时，则客户端无法通过 JavaScript 代码去访问这个 cookie，这种类型的 cookie 只能通过服务器端来设置。

设置 httpOnly 主要是为了安全，例如网站遭受了 XSS 攻击，页面被安插了恶意脚本，这段脚本轻易就能拿到 cookie 中的用户身份验证信息，就可以冒充此用户访问服务器了。

2. **设置** Cookie

了解了 cookie 的属性选项，接下来就可以设置 cookie 了。cookie 既可以由服务器端来设置，也可以由客户端来设置。

（1）服务器端设置 cookie

在 Java EE 中，可以通过 javax.servlet.http.Cookie 类定义 cookie 和设置 cookie 的所有选项，通过 javax.servlet.http.HttpServletResponse.addCookie(Cookie cookie) 方法将 cookie 添加到响应中，响应报文头部会添加 set-cookie 项来设置 cookie，每个 set-cookie 字段对应一个 cookie。

（2）客户端设置 cookie

JavaScript 原生的 API 提供了访问 cookie 的方法：document.cookie（注意这个方法只能获取非 httpOnly 类型的 cookie）。在设置 cookie 属性时，属性之间由一个分号和一个空格隔开。示例代码如下。

```
document.cookie = "key=name; expires=Thu, 25 Feb 2017 04:18:00 GMT; domain=www.kgc.cn; path=/";
```

注意

① 客户端可以设置 cookie 的下列选项：expires、domain、path、secure（只能在 HTTPS 协议的网页中），但无法设置 httpOnly 选项。

② expires 必须是 GMT 格式的时间，可以通过 new Date().toUTCString() 获得。

③ 设置多个 cookie 需要重复执行 document.cookie = “key=name”。

3. **修改** cookie

修改 cookie 只需要重新赋值就可以，旧值会被新值覆盖。

注意

设置 cookie 的新值时，path/domain 选项要与原 cookie 保持相同；否则不会修改旧值，而是添加一个新的 cookie。

4. **删除** cookie

删除一个 cookie 也很简单，通过重新赋值将这个 cookie 的 expires 选项设置为一个过去的时间点就可以了。同样要注意 path/domain 选项应与原 cookie 保持相同。

5. cookie **编码**

cookie 其实是个字符串，但逗号、分号、空格会被当作特殊符号处理，所以当 cookie 的 key 和 value 中含有这 3 种特殊字符时需要对其进行额外编码。一般会用 escape 进行编码，读取时再用 unescape 进行解码，当然也可以用 encodeURIComponent/

decodeURIComponent 或 encodeURI/decodeURI。

```
var key = escape("name;value");
var value = escape("this value contains , and ;");
document.cookie = key + "=" + value + "; expires=Thu, 26 Feb 2017 11: 50:25 GMT; domain=www.kgc.cn; path=/";
```

附录 3 Servlet、Filter、Listener 对比

1. Servlet

Servlet 是运行于服务器端的 Java 应用程序，具有独立于平台和协议的特性，可以动态生成 Web 页面。

Servlet 主要用于控制器，工作在客户端与其他功能模块的中间层，负责解释和执行客户端请求，交互式地浏览和操作数据。

许多主流的 MVC 框架技术，如 Spring MVC，也会采用 Servlet 作为核心控制器实现。

2. Filter

Filter 与 Servlet 的区别在于，Filter 不能直接向用户生成响应；Servlet 主要负责处理请求，而 Filter 主要负责拦截请求，可以对用户请求进行预处理，也可以对响应进行后处理，是个典型的处理链。

Filter 是一个可复用的代码片段，提供一种面向对象的模块化机制，可以将公共任务从 Servlet 或 JSP 中剥离出来，封装到可插拔的组件中，这些组件通过一个配置文件来声明，并动态地进行处理。所以 Filter 是一种通过配置文件来灵活声明的模块化的可重用组件，可以在不影响应用程序中其他 Web 组件的情况下将它们添加到请求 / 响应链中，或者删除它们，甚至可以将 Filter 组合链接起来以提供更加全面的辅助功能。

3. Listener

Listener 采用观察者模式，是 Web 应用程序事件模型的一部分，当 Web 应用中的某些状态发生改变时会产生相应的事件，例如一个会话被创建或被销毁、session 作用域中添加或移除了一个变量等。而 Listener 可以接收这些事件，以便在事件发生时做出相关处理。

一些主流框架技术，如 Spring 框架，在 Web 环境下也经常采用 Listener 实现加载配置文件和框架初始化工作。

随手笔记